The Family Tree Guide to DNA Testing
and Genetic Genealogy

DNA测试和遗传谱系学的人类家庭树指南

[美] 布莱恩·贝廷格　著

刘月　译

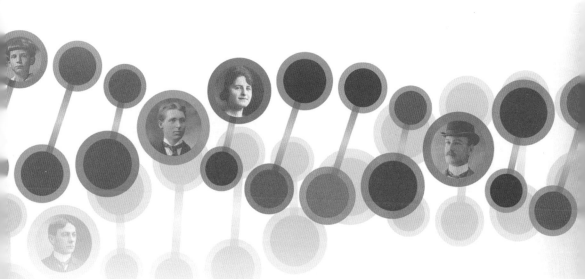

中国纺织出版社有限公司

国家一级出版社
全国百佳图书出版单位

原文书名：The Family Tree Guide to DNA Testing and Genetic
Genealogy, Second Edition
原作者名：Blaine T. Bettinger
Copyright © 2016 and 2019 by Blaine T. Bettinger
All rights reserved including the right of reproduction in whole or in part in
any form. This edition published by arrangement with Family Tree Books,
an imprint of Penguin Publishing Group, a division of Penguin Random
House LLC.

本书中文简体版经Family Tree Books授权，由中国纺织出版社
有限公司独家出版发行。本书内容未经出版社书面许可，不得以任
何方式或任何手段复制、转载或刊登。

著作权合同登记号：图字：01-2020-6753

图书在版编目（CIP）数据

DNA测试和遗传谱系学的人类家庭树指南／（美）布
莱恩·贝廷格著；刘月译. --北京：中国纺织出版社
有限公司，2022.7
书名原文：The Family Tree Guide to DNA Testing
and Genetic Genealogy
ISBN 978-7-5180-9400-4

Ⅰ. ①D… Ⅱ.①布… ②刘… Ⅲ. ①脱氧核糖核酸—
测试—指南②人类遗传学—谱系—指南 Ⅳ. ①Q523-62
②Q987-62

中国版本图书馆CIP数据核字（2022）第 039658 号

责任编辑：毕仕林 闫 婷 责任校对：寇晨晨 责任印制：王艳丽

中国纺织出版社有限公司出版发行
地址：北京市朝阳区百子湾东里A407号楼 邮政编码：100124
销售电话：010—67004422 传真：010—87155801
http：//www.c-textilep.com
中国纺织出版社天猫旗舰店
官方微博http://weibo.com/2119887771
天津千鹤文化传播有限公司印刷 各地新华书店经销
2022年7月第1版第1次印刷
开本：710×1000 1／16 印张：16.25
字数：217千字 定价：158.00元

凡购本书，如有缺页、倒页、脱页，由本社图书营销中心调换

目录

介绍···5

第一部分：入门

第 1 章 遗传谱系基础·····································10

开始您的基因研究。本章介绍了DNA测试的简要历史，并分解DNA和4种主流的基因测试，以及如何识别遗传谱系。

第 2 章 常见的误解·······································20

揭开您的DNA神话。本章介绍了有关DNA的11种常见误解，这些误解有助于您正确地开始基因的研究。

第 3 章 伦理与遗传谱系·································36

开展合乎道德的和负责任的研究。本章探讨了用于家族研究的DNA测试所涉及的一些道德问题以及如何解决这些问题。

第二部分：选择测试

第 4 章 常染色体DNA（atDNA）测试·············52

使用本章的atDNA测试指南［最流行（和可能是最有用）的DNA分析］来探索整个遗传谱系。

第 5 章 Y染色体（Y-DNA）测试···················93

找到您的父系祖先。本章讨论如何使用Y-DNA跟踪男性后代并解决家谱问题。

第 6 章 线粒体DNA（mtDNA）测试···············116

通过这本指南，用最古老的DNA测试发现您的母系祖先，并回答有关她们的研究问题。

第 7 章 X染色体（X-DNA）测试···················136

找到您的遗传祖先。本章讨论如何使用X-DNA及其遗传模式生长您的基因树。

第三部分：分析和应用测试结果

第 8 章 第三方常染色体DNA工具 ··· 154

本章提供分析atDNA测试结果有关的软件，在线工具和其他第三方程序的指导，用于帮助您进行DNA分析。

第 9 章 种族估计 ··· 174

解析DNA测试公司提供的估算值。本章表示您可以（或不）通过种族估计了解自己的祖先。

第 10 章 用DNA分析复杂的问题 ·· 194

这些技巧和策略可帮助您更深入地研究DNA，以突破研究壁垒并回答具有挑战的研究问题。

第 11 章 被收养者的基因测试 ··· 208

揭露你隐藏的过去。本章为被收养者和其他在研究祖先时可能面临阻碍的个人提供了策略。

第 12 章 遗传谱系学的未来 ··· 219

这些关于领域发展轨迹的预测可以凝视DNA的未来，且随着基因技术的发展将实现您的愿望。

词 汇 表 ··· 233

附 录 A 比较指南 ··· 238

附 录 B 研究表格 ··· 243

附 录 C 更多资源 ··· 254

介绍

家谱记录并不完美。我们的祖先跟我们一样，记忆力很差，他们像我们一样会编造故事，竭尽所能地使自己变得年轻或显得对自己更有利。此外，创建的家谱记录在之后的几年内也可能被更改、转录、记录不正确或完全丢失。

因此，家谱学家往往是通过处理这些残缺不全和不一致的碎片信息，用来重构祖先的生活。有时重构得很完善，有时重构得很零散，有时甚至不知道其中的区别。

但是，有关您祖先的故事隐藏在您的DNA中。随着现代基因测试的发展，我们能够提取出这些前几代系谱学家无法获得的这些隐藏的信息，并补充到我们一生都在构建的族谱中。

尽管祖先为现代人提供的碎片DNA（大多数）是不可更改的记录，但是，目前我们的能力有限，无法适当地解释整个记录。事实上，解释DNA测试的结果确实可能还会引入错误和不一致。因此，当前的遗传谱系测试也不是完美的家谱记录。只有将DNA测试和传统的家谱记录结合起来，我们才能充分发挥基因检测的全部价值。

我的遗传谱系之旅

我在七年级时开始接触家谱。英语老师给我们分配了一个简短的家庭作业：我们将通过向家人询问信息来尽可能地完善四代或五代基因树。我的父母建议我给祖母打电话，因为她是那一代人中年龄最大的成员之一。在通话期间，我的祖母根据记忆说出了许多名字和地点。我疯狂地填写了基因树中父系的信息，然后添加了许多祖先的信息。接到那一个电话后，我就迷上了家谱。在接下来的25年中，我一直在尝试核实这些名字，了解这些祖先的生活，并填补祖母无法提供的空白。

我于2003年进行了第一次DNA测试。我是纽约锡拉丘兹（Syracuse）的一名生物化学研究生，而DNA测试则是我一生中两个最爱的完美结合：家谱和科学。与同期的大多数人不同，他们是通过Y染色体（Y-DNA）或线粒体DNA（mtDNA）测试开始

DNA旅程的，而我的第一个测试则是常染色体DNA（atDNA）测试。当时的染色体DNA（atDNA）测试只能查看100多个标记（而今天使用的测试能查看成千上万个标记），但是我还是被迷住了。这种常染色体检测只是我漫长的DNA检测的第一步，甚至还包括十年后个人基因组计划（personal genome project），这提供了我整个基因组的完整序列。

由于DNA测试，我对自己的谱系遗传有了很多了解。我知道我的线粒体DNA显示是美国原住民，这意味着我母系祖先在某个时候是美国原住民。我知道我携带了非洲（中美洲祖先）和美洲原住民的DNA片段。我知道我从加拿大和爱尔兰的祖先那里继承了很多DNA。由于DNA测试的缘故，我开始查找曾经被收养的曾祖母的亲生父母。我使用了现代的基因检测方法来挖掘我一直携带的故事，这些故事是我的祖先（包括曾经留给我家谱礼物的祖母）在不知不觉中传给我的。

在全国乃至世界各地，充满希望的唾液和脸颊拭子已经如雨后春笋般蔓延，被遗忘已久的故事等待着从A、T、C和G序列中解脱出来。

如何使用这本书

本书旨在为从初学者到专家以及介于两者之间的所有水平的家谱学家提供参考。如果您从未进行过DNA测试，则可以将这本书用作入门知识，以了解什么是DNA测试、DNA测试是否适合您以及如何使用DNA测试的结果来查看您的祖先。我对您的建议是，从书本的开头到结尾先读一读，因为书的开头更多的是基本信息，而结尾处则是更高级的信息。

在整本书中，您会注意到红色标示的特殊术语。这些是您在基因研究中会遇到的重要词汇，我将它们汇编成本书后面的词汇表，以供您参考。

如果您已经进行了DNA测试，则可以在查看测试结果时将此书作为参考。在第1章（遗传谱系基础），第2章（常见的误解）和第3章（伦理与遗传谱系）快速停留之后，转到与您的DNA测试类型相关的章节：atDNA（第4、8和9章）、Y-DNA（第5章）、mtDNA（第6章）或X-DNA（第7章）。然后，阅读其余章节，以确保您填补了所有知识空白，并全面了解遗传谱系测试的方方面面。

家谱学家的教育从未完成。家谱学家必须掌握DNA测试和分析的最新进展，这一点很重要。因此，如果您认为自己已经掌握了本书中介绍的大多数主题，请转到附录C

的"更多资源"部分，以获取一些最佳博客、论坛和邮件列表的链接。这些链接可以帮助您发现和探索遗传谱系学的所有最新进展。

第二版有什么新内容？

这本书的第一版于2016年秋季出版。常染色体 DNA 检测在美国、其他几个国家或地区流行起来，并且由于数百万人收到了检测结果，因此需要进行教育。《DNA测线和遗传谱系学的人类家庭树指南》满足了这一需求，并迅速成为该领域最畅销的书籍。

然而，与现代谱系学的大多数领域一样，遗传谱系学领域正在迅速变化。在第一版DNA检测指南编写和出版后的几年里，新的检测方法、检测公司、方法论和第三方工具都被引入。DNA测试者拥有比以往更多的选择和机会。但随着选择的增多，对教育的需求也越来越大。

《DNA测试和遗传谱系学的人类家庭树指南》第二版将帮助您了解这些最新发展，并帮助您揭开隐藏在DNA中的历史。本书的新增和更新部分涵盖了新的测试和工具，例如MyHeritage DNA、Living DNA和DNA Painter，以及来自Family Tree DNA 的 Big Y-700测试。

这本书还涵盖了自2016年第一版出版以来常见的DNA特征和主题，包括共享匹配、政府或其他第三方使用DNA信息的道德问题、X-DNA的发展等。

祝您踏上自己的DNA旅程时万事如意！

布莱恩·贝廷格（Blaine T. Bettinger）

2018年10月

第一部分

入门

第1章

遗传谱系基础

家谱学家是家谱历史学家，他们记录有关家谱的已知信息，并使用历史记录来重建和恢复由于时间和距离而丢失的信息。因此，家谱学家可以从祖先或亲属那里获得最珍贵的物品，如家庭圣经、战时信件和尘土飞扬的模型。这些财产通常是唯一的，并且可能揭示了会丢失的信息。传承这些珍贵的家庭记录和纪念品是一项重要的传统，可为子孙后代保留记忆。

然而，祖先传承给后代的记忆远不止纪念品。在每一代人中，我们的祖先都通过自己的DNA传递了不可磨灭的记录，这些记录也是他们从祖先那里得到的一部分。您拥有姑姑米莉（Millie）的卷发，祖父厚重的眉毛或曾祖母深蓝色的眼睛，这就是遗传。

您是祖先DNA的守护者，通过使用一种称为遗传谱系的新工具，可以解锁DNA并揭示世代遗传所保护的秘密。同时，即使是不知道自己生物祖先的被收养者，也可以使用这个工具来寻找自己基因上的亲属并了解自身的生物遗产。

图A 遗传谱系最初用于解决历史和法医问题，例如某些遗骸是否属于亚历山德拉皇后（Tsarina Alexandra）

在本章中，我们将概述遗传谱系的历史和基础知识，帮助您理解本书的其余部分。在阅读时，您将学到更多有关不同类型的遗传谱系测试的信息，以及如何使用结果来解析遗传遗产，回答家谱问题以及解密家庭奥秘。您将了解如何选择适合自己的测试方式以及牢记测试的局限性。您还将发现（除其他事项外）一些第三方工具，可用于从DNA测试中收集所有有用的信息。

遗传谱系的历史

在家谱学家之前，科学家和历史学家已利用遗传谱学来识别著名历史人物之间的谱系联系。例如，1994年，线粒体DNA（mtDNA）测试（最早可用的测试之一）被用来识别1991年在俄罗斯叶卡捷琳堡的一个浅坟中发现的骨骼，这些骨骼可能属于1919年在该地被杀死的罗曼诺夫家族。利用低分辨率测试，科学

查尔斯·达尔文（Charles Darwin）与遗传谱系

在19世纪中期，查尔斯·达尔文（Charles Darwin）首次提出了开创性的进化论和自然选择理论，许多现代遗传学都以此为基础。将近200年后，研究者通过简单的DNA测试验证了达尔文的遗传根源。2010年初，《国家地理》的"地理计划"测试了澳大利亚达尔文曾孙克里斯·达尔文（Chris Darwin）的Y-DNA。该测试表明，克里斯（因此很可能是查尔斯）属于R1b单倍群，这是欧洲血统男性中最常见的单倍群（我们将在后面详细讨论论单倍群）。

家发现，从几个骨骼中提取的mtDNA（包括图A中被认为是沙皇女王亚历山大的图片—维多利亚女王的外孙女—以及几个沙皇的孩子）与爱丁堡公爵菲利普亲王的遗传信息匹配，该亲王是维多利亚女王的曾曾孙。通过早期测试，无论是mtDNA测试还是常染色体DNA（atDNA）测试（另一种流行的测试类型），都已经识别了沙皇尼古拉二世及其整个家庭的遗体，包括沙皇和他们的五个孩子。

采用类似的方式，Y染色体（Y-DNA）测试于1998年用于揭示托马斯·杰斐逊（Thomas Jefferson）总统的男系亲戚与其奴隶萨利·海明斯（Sally Hemings）的最小儿子埃斯顿·海明斯（Eston Hemings）的后代之间的遗传匹配。埃斯顿·海明斯（Eston Hemings）的后代秉持着很强的口述传统，即埃斯顿的父亲确实是托马斯·杰斐逊（Thomas Jefferson），据说埃斯顿（Eston）与杰斐逊（Jefferson）非常相似。但是，许多历史学家认为，埃斯顿（Eston）的父亲是杰斐逊（Jefferson）姐姐的儿子之一，这也许可以解释这种相似之处。由于前总统没有幸存的合法儿子将Y-DNA供研究人员研究，因此研究人员从杰斐逊的叔父菲尔·杰斐逊（Field Jefferson）的五代父系的后代那里获得了Y-DNA样本。将这些样品与从埃斯顿·海明斯（Eston Hemings）活着的后代获得的Y-DNA样品进行比较，二者显示为遗传匹配。如今，许多历史学家已经承认杰斐逊（Jefferson）与萨里·海明斯（Sally Hemings）养育了几个孩子，其中包括埃斯顿（Eston）。

家谱学家认识到DNA具有鉴定家谱关系的能力，因此开始研究使用DNA测试

12

的方法。在历史学家成功地使用DNA测试揭示杰斐逊的后裔几年之后，包括布莱恩·赛克斯（Bryan Sykes）在内的一组科学家进行了一项研究，研究了英国48名姓赛克斯（Sykes）的男性的Y-DNA。低分辨率的Y-DNA测试确定了几乎一半的男性是通过其父系（或姓氏）来建立联系的，这表明这些男性共同拥有一个姓氏的祖先。科学家指出，Y-DNA研究（如他们进行的研究）可能在法医学和家谱学中有许多应用。

最终，DNA测试对家谱学家的实际意义变得清晰起来。在2000年初，两家公司开始向家谱学家提供DNA测试服务：一家总部位于得克萨斯州休斯顿，由贝内特·格林斯潘（Bennett Greenspan）、马克斯·布朗菲尔德（Max Blankfeld）和吉姆·沃伦（Jim Warren）创建的Family Tree DNA；另一家为Oxford Ancestors，总部位于英格兰牛津郡，由赛克斯姓氏研究的布莱恩·赛克斯（Bryan Sykes）创建。两家公司都向家谱学家提供Y-DNA和mtDNA测试，这是第一个此类的商业化测试服务机构。

在接下来的几年中，与赛克斯姓氏研究的方法类似，在结合了Y-DNA测试和姓氏研究的大型项目基础上，遗传族谱测试得到了广泛的发展。在2007年秋季，遗传谱系测试公司23andMe开始提供第一个商业化atDNA测试。2012年，AncestryDNA正式开始了atDNA测试。目前，23andMe、AncestryDNA和Family Tree DNA成为领先的基因谱学公司，并为所有层次的家谱学家提供基因测试。我们将在下一章中了解这些公司和其他测试公司。

如今的遗传谱系

遗传谱系是家谱学家必不可少的工具。它是类似于人口普查记录、遗嘱或土地记录的重要证据，并且可能是在丢失或破坏的记录的情况下，可用的最后一条信息。尽管DNA测试无法回答（甚至阐明）每个问题，但有经验的家谱学家至少应将其视为每个家谱研究项目的一部分。

2015年夏天，23andMe和AncestryDNA各自宣布已经测试了其百万分之一的客户，并且其客户群正在不断增长，每月有数千种新测试。尽管Family Tree DNA数据库传统上比23andMe和AncestryDNA数据库小，但仍不可否认的是它很大，而且还在继续快速增长。

随着数据库规模的扩大，遗传谱系的力量也随之增加。随着越来越多的人接受DNA测试，新的关系、工具和发现将成为可能。

一点遗传学知识：什么是DNA?

您无需具有分子生物学或遗传学的高级学位便可以了解遗传谱系。您甚至不需要记住十年级上的生物学课程的任何内容。这个简短的介绍以及每一章提供的一些详细信息，将足以帮助您如何在研究项目中使用遗传谱学测试。

细胞是生命的基本单位，它使用被称为DNA的遗传物质来控制从其亲代细胞的分裂开始直至最终死亡的绝大部分功能。DNA（脱氧核糖核酸）是细胞的组成部分，携带着所有生物的发育和运作指令。一小部分的DNA包含基因，即DNA的短片段，被用作设计蛋白质或RNA（核糖核酸）分子的蓝图。科学家还继续为DNA的非编码区找到次要功能，这些非编码区并不专门产生蛋白质或RNA。

DNA分子由数百万个称为核苷酸的较小单元组成。两个相互缠绕的DNA分子在一起相互作用，在细胞核（或控制中心）中形成一个称为染色体的双螺旋结构。正常的人类细胞有92个长链DNA分子，它们配对形成46条双链染色体。这些中的每一个又与另一个相似但不相同的染色体形成一个染色体对，以创建23个不同的染色体对。

若还是存在疑惑，这张表格或许可以解答。其中细分了DNA的不同组织层面：

组成	描述
核苷酸	DNA分子的四个不同组成部分：腺嘌呤、胞嘧啶、鸟嘌呤和胸腺嘧啶
DNA（脱氧核糖核酸）	一种双链分子，由两条相互缠绕的核苷酸链组成
基因	染色体上编码功能产物（如蛋白质）的区域
染色体	一种高度组织和包装的DNA分子
染色体对	一条染色体的两个拷贝，其分别从双亲继承

除了细胞核中的DNA之外，在细胞核之外的许多线粒体中还发现了成百上千个非常小的环状DNA链的拷贝。线粒体是细胞的微小动力源，负责产生细胞所需

的能量。

图B是一个核型图，是人类核型的照片，它是人类细胞的所有染色体，成对排列的顺序是从最长到最短。为了制作核型图，研究人员用一种特殊的化学物质对染色体进行染色，然后对染色后的染色体拍照，后将染色体数字重新排列成

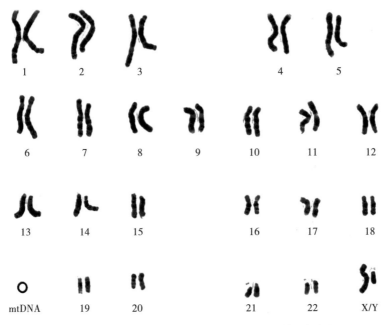

图B 每个人都有独特的遗传构成，包括22组染色体，一对性染色体和mtDNA环。这些一起形成人类核型。这张照片是由美国国家人类基因组研究所的达里尔·莱亚（Darryl Leja）提供的

对，并组织成特定编号的序列。该核型图还包括一个mtDNA环，以供参考。

在本书中我们将研究用于遗传谱系的四种DNA：atDNA、Y–DNA、mtDNA和X–DNA。

常染色体DNA（atDNA）由细胞核中发现的成对染色体组成。人类有23对染色体（共46条），其中22对是常染色体DNA（或常染色体），一对是性染色体。每对染色体中有一条是从母亲那里继承而来的，另一条是从父亲那里继承的。atDNA测试可揭示有关父系和母系的信息，我们将在第4章中进一步讨论atDNA测试。

Y染色体DNA（Y-DNA）关注Y染色体，Y染色体是确定性别的两个性染色体之一（另一个是X染色体）。只有男性有Y染色体，而Y-DNA测试则显示有关（男性）测试者Y染色体的信息，该信息仅由父亲遗传给儿子。在第5章中，我们将详细介绍Y-DNA测试。

线粒体DNA（mtDNA）是在细胞的能量工厂线粒体中发现的一块小的环状DNA。这是唯一在细胞核中找不到的DNA。mtDNA仅在母亲和孩子之间传递，并且mtDNA测试可揭示有关接受测试者的直接母系的（或脐带）遗传信息。第6章重点介绍mtDNA测试。

X染色体DNA（X-DNA）集中在X染色体上，X染色体是确定性别的两条性染色体之一（另一条是Y染色体）。女性有两条X染色体，一条来自父亲，一条来自母亲；男性的一条X染色体来自母亲。X-DNA通常作为atDNA测试的一部分进行。对于男性，X-DNA测试（第7章的主题）揭示了有关母系的信息。对于女性，X-DNA测试可揭示有关母系和父系的信息。

两棵家族树：一棵家谱树和一棵遗传树

理解和解释DNA测试结果最重要的方面之一，是每个人都有两个非常不同（但重叠）的家族树：一个是家谱树（反映家族关系），另一个是遗传树（反映遗传构成和遗传模式）。简而言之，您的家谱树包含遗传树中的每个人，但遗传树不包含家谱树的每个人。

家谱树

第一类（可能是最著名和研究最多的）家族树是家谱树，其中包含每个有孩子的祖先，这些孩子的孩子等。完整的家谱树（图C）包含历史上的每个父母、祖父母和曾祖父母。在大多数情况下，这是家谱学家花费时间进行研究的家谱树，通常使用诸如出生和死亡证明、人口普查记录和报纸之类的纸质记录来补充。许多家谱学家发现，查阅纸质记录在研究后期变得更加困难，通常难以识别18或19世纪以前的记录，因此很难填充家谱树中的许多空缺。

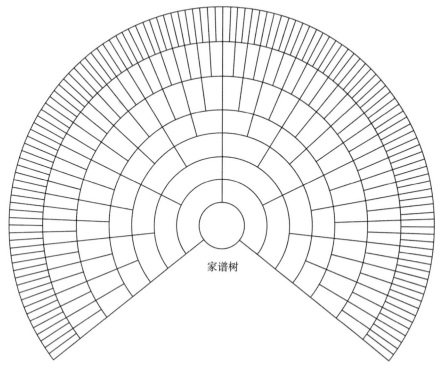

图C　您的家谱树包含所有已知的祖先

遗传树

第二个家族树是遗传树，只包含为您的DNA做出贡献的祖先。尽管遗传树与家谱树重叠，但并非家谱树中的每个人都将自己的DNA序列的一部分贡献给测试者。父母不会将自己的全部基因传递给孩子（只有大约50%），结果导致每一代DNA都发生零碎的丢失。在第五到九代之间，您的遗传树包含的祖先可能少于家谱树。

如图D所示，灰色格子表示祖先贡献了DNA给测试者，而白格子表示祖先没有提供DNA给测试者，遗传树实际上只是家谱树的一部分。遗传树一定包含两个亲生父母，每个亲生父母都贡献了大约整个DNA序列的50%给测试者。遗传树还可能包含测试者的四个生物学祖父母和八个曾祖父母，但是家谱树中的每个人都将自己的DNA片段贡献给测试者的可能性很小。

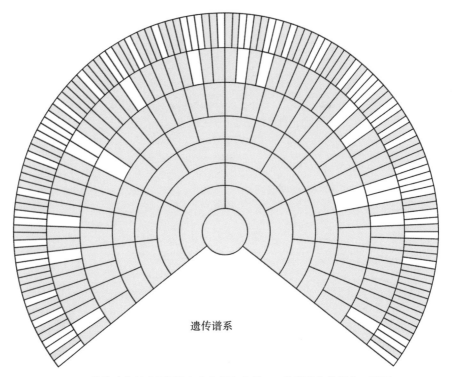

遗传谱系

图D　您的遗传树（标记为灰色）只包含其DNA传递给您的祖先，而不
包括您认识的所有祖先（即遗传树是家谱树的子集）

　　由于测试者的遗传树是家谱树的子集，因此，一个人经常与另一个人共享他的家谱树，但是他们的遗传树并不重叠。这仅仅表示他们没有从共同祖先那里继承相同的DNA。这些个体只是谱系表亲，而不是遗传表亲，因为遗传表亲彼此共享家谱树和遗传树（即他们共享遗传树上的一个或多个近代个体，因为他们从共同祖先那里继承了可检测的DNA量）。例如，生物学上的一代表亲总是共享DNA，因此永远都是谱系表亲和遗传表亲。

　　不幸的是，由于缺乏纸张记录的族谱和遗传信息相结合的广泛数据库，尚无人能够构建出非常完整的遗传树。然而，近期随着基因测试与人类基因树相结合的工具的发展，遗传谱系学家开始重建遗传树的一部分。

核心概念：遗传学基础

❋ 遗传谱系起初是历史研究和法医学的一种工具。在21世纪，DNA公司开始提供用于家谱研究的基因检测

❋ 家谱学家在测试中使用四种不同的DNA：线粒体DNA（mtDNA）、Y染色体DNA（Y-DNA）、常染色体DNA（atDNA）和X染色体DNA（X-DNA）。您需要根据研究目标采用不同的测试

❋ 每个人都有两套祖先：家谱树（祖先家属）和遗传树（贡献DNA的祖先）。遗传树是家族树的子集，有时可能很难确定

第2章

常见的误解

DNA是家谱学家的强大工具，它可以确认或纠正家族树，找到从未存在过的新亲戚，并帮助您了解家人的古老祖先。但是，DNA不是万能的。正如仅凭人口普查记录或单独行动无法提供有关家谱问题的所有答案一样，DNA并不能解决所有研究问题。为了取得成功，遗传谱系学家必须认真研究DNA测试结果，并将结果与其他类型的记录结合起来得出合理的结论。

在了解健康、解决犯罪和突破研究壁垒方面，科学家、检察官和家谱学家都夸大了DNA的作用，导致人们对如何使用DNA有许多误解。例如，即使执法部门拥有完整的遗传样本，DNA也不能解决所有犯罪问题或识别所有嫌疑人或犯罪者；即使研究人员在基因研究上花费了数十亿美元，DNA也无法解释所有疾病原因或无法治愈所有疾病；即使家谱学家拥有最好的工具和丰富的测试者数据库，DNA也不会突破每个研究壁垒。在DNA测试的各个方面了解DNA的局限性都是至关重要的，包括创建测试计划、审查结果、得出结论以及撰写或共享结果等方面。掌握这些技巧将帮助您避免遗传谱系学家最常犯的错误。

在本章中，我们将解决关于遗传谱系的一些最常见的误解并解释为什么它们是错误的。在后面的章节中，当我们介绍每种类型的DNA测试时，您将对遗传谱系的优势和局限性有更深入的了解。

误解1：遗传谱系只是为了娱乐

毫无疑问，遗传谱系是探索谱系的一种好玩又有趣的新方法。流行的主流电视节目，如《寻根》和《您认为自己是谁？》使用DNA测试来支持和争论名人嘉宾分享的劲爆家庭故事。23andMe和AncestryDNA的印刷广告和在线广告普及了种族估计，使成千上万的人购买DNA测试并探究自身的根源。尤其是年轻人在很大程度上受到遗传谱系的吸引，甚至比以往任何时候都受到谱系学的吸引。但是遗传谱系只是用于娱乐吗？

家谱学家应检查所有可能揭示家谱问题的记录。如果您想知道内德（Ned）的曾曾祖父是否在纽约农村地区（他居住的地方）拥有土地，那么您当然应该检查土地记录。但是，您还应该检查税收记录、遗嘱认证记录以及其他可能有用的记录。因此，家谱学家只要能发现问题或能支持现有的结论或假设，就应使用DNA测试。史密斯（Smith）系可能是您曾经审查或构建的最有据可查的系，但是您是否使用DNA检验了结论？您确定没有任何非父系事件（如收养、出轨或其他原因而导致预期的Y–DNA不匹配）没有记录在书面证据中吗？

DNA测试很有趣，但它不仅仅是一种娱乐形式。像任何人口普查记录、人口动态记录、税收记录、遗嘱认证记录或土地记录一样，这是证据，应作为每个研究问题的潜在工具进行评估。因此，DNA测试对家谱学家的作用应该像检查祖先的普查报告和重要记录一样重要。

误解2：我是一个女人，所以我自己不能进行遗传谱系测试

与普遍的看法相反，女性可以参加四个主要基因测试中的三个，而男性和女性家谱学家都可以从这四个主要基因测试结果中受益。

这种误解是由于早期遗传谱系的技术局限性造成的。在遗传谱系主要是Y-DNA和线粒体DNA（mtDNA）测试的时代，家谱学家被一再告知，只有男性才能参加Y-DNA测试。尽管女性一直可以进行mtDNA测试，但该测试的早期形式并不像Y-DNA测试那样呈现丰富的家谱信息。确实，遗传族谱研究的前十年（2000—2010年）重点在Y-DNA测试，因此，族谱界的一些女性有种排斥在外的感觉。

但是女性甚至可以参与Y-DNA测试，尽管不是直接参与。例如，对Y-DNA系感兴趣的女性可以找到另一个活着（且愿意）的Y-DNA来源，父亲、兄弟、叔叔或堂兄都是可以用于Y-DNA检测的潜在来源。在某些情况下，您无法找到父亲、叔叔或兄弟，甚至是几代人的遗传财产。但是找到这些Y-DNA来源的秘密是每一个家谱学家要做好的事情：使用文献族谱研究来找到愿意接受Y-DNA测试的父系后代。

此外，对于常染色体DNA（atDNA）测试并没有限制。atDNA检查家谱的许多不同系，而不仅仅是父系（Y-DNA）和母系（mtDNA）。每个人都有相同数量的atDNA，并且都可以参加atDNA测试。

误解3：DNA测试将为我提供一棵人类基因树

围绕遗传谱系的最大误解之一是DNA测试的结果是揭示您的家族树的灵丹妙药。不幸的是，仅DNA测试无法提供一棵家族树（或者至少目前没有可用的测试）。测试人员不会登录她的DNA测试账户，并将看到部分或完整的家族树作为结果的一部分。取而代之的是，正如我们将在第6章中看到的那样，测试者通常会收到两类信息：种族预测和与测试者共享一个或多个DNA片段的遗传匹配列表的人。

然而，DNA与传统研究相结合，是一种功能强大的工具，可以帮助您研究和重建家族树。例如，您的曾祖母的名字并没有直接编码在您的DNA中，因此仅通过测试分析您的DNA并不能显示出她的名字。但是，有关您曾祖母身份的线索已记录在您的DNA中；她给了您一些她的DNA，而您则与您的遗传亲属和家谱表亲成员共享这些DNA。通过DNA测试、文献研究和努力工作，您可以与这些遗传亲属合作，以确定您的共同祖先，其中可能包括您的曾祖母或曾祖母的祖先。这种合作有助于确定现有家族的分支，并有助于突破研究壁垒。

同样，遗传谱系测试有时使找到现有家谱树变得容易。被领养人通过接受DNA测试能够与其生物学上的亲戚建立联系，同时还能获得其新确定的生物学上的亲戚的一侧或两侧家谱树。尽管并非所有的被收养人都接受了DNA测试，然后找到了他们的生物学祖先，但是DNA测试越来越能够帮助大多数被收养人找到父亲或母亲。

换句话说，像大多数家谱研究一样，没有背景记录，DNA测试就无法发挥其全部潜力。大多数情况下，这种背景是测试者和与测试者的家族树表现为遗传匹配的人的文献研究。

误解4：DNA结果太狭隘，不值得

这种误解最常见于有关家谱测试的新闻报道中。例如，文章经常强调以下事实：几种类型的DNA测试只能揭示有关您祖先的一小部分信息。确实，Y-DNA测试仅检查男性直系（您父亲的父亲的父亲，依此类推）。同样，mtDNA测试仅检查直接的母系（您母亲的母亲的母亲，依此类推）。 十代家谱树最多包含1 024个祖先，但是Y-DNA或mtDNA测试将揭示这1 024个祖先中的一个人的遗传信息。

但是，这些文章的作者无法理解家谱研究的增量性质。大多数家谱学家都花费大量时间和金钱，试图在家谱树中发现有关个人的最小信息，此外，正如我们将在后面的章节中看到的那样，使用DNA专注于一位祖先的研究是非常有价值的。例如，在第十代的1 024个祖先中仅一个人发现了匹配的Y染色体或mtDNA，这是使Y-DNA和mtDNA测试如此强大的部分原因。

这些文章的作者通常也无法理解DNA测试，其中一种DNA测试可以检查家谱的不同系。atDNA测试不仅可以获取每一代中每一个祖先信息，还可以检查给我们提供DNA的众多祖先中的每一个。将来，atDNA测试甚至可以帮助识别没有向我们提供DNA的祖先（换句话说，属于家谱树但不属于遗传树的祖先；我们将在第4章中对此进行更多讨论）。通过一次测试即可检查多个祖先，这使得atDNA测试更加具有挑战性，但这也是遗传谱系有趣的一部分！

误解5：DNA测试将揭示我的健康信息

这种误解是有事实根据的。第一个人类基因组进行测序的背后推动力之一是利用该信息来了解疾病的原因并找到治疗方法，因此大多数遗传检测是出于医学原因，这是在遗传谱系和个人基因组学问世之前进行的。结果，人们期望遗传谱系测试的结果能够向自己和测试公司透露其健康信息也就不足为奇了。

确实，遗传谱系测试可以揭示有关接受测试者的健康信息。例如，遗传谱系测试公司23andMe测试了基因组中成百上千个对健康有益的位置，然后将该信息提供给测试者。此外，某些DNA测试可能会无意间透露出健康信息，这可能是因为一项新的科学发现，该发现揭示了遗传基因学测试所分析的一小部分基因组与健康相关的未知含义。或者，测试分析可以发现极少数罕见疾病中的一种，已知这些疾病与测试者的健康状况或其他医疗状况有关。例如，对Y染色体上通常测试的区域（或标记）DYS464进行测序，可以揭示染色体片段的严重缺失问题，从而导致男性不育。这种删除非常罕见，每4 000～8 000名男子中就有一个被删除。完整的mtDNA测序也可以检测出一些代谢性疾病。

但是，有几个理由可以让你不必担心泄露健康信息的可能性。曾经有人认为，对一个人的DNA进行测序可以揭示他们一生中将患上哪些疾病，但目前的DNA测试根本无法得出如此惊人的结论。确实，1997年的电影《加塔卡》（Gattaca）证实了这个错误的预测，剧中的主角是来自未来的一个男人，其DNA序列预测出他寿命短暂，他必须与面对的遗传歧视作斗争。科学家发现，健康与遗传学之间的关联非常复杂，环境在决定我们的健康方面起着更大的作用。除了极少数在遗传谱系测试之前已经被诊断出患有严重遗传病的人以外，这种测试无法揭示我们的主要疾病或最终的死亡原因。

此外，除了23andMe（它故意提供健康信息作为其测试的一部分）外，大多数主要的基因测试公司主动不测试基因组中与健康相关的位置。即使他们确实对这些位置进行了测试，他们也会从测试结果中清除这些信息，并且不会提供给被测试者。

因此，由于这种误解在现实中有很强的基础，因此测试者在同意接受测试之前应意识到自己可能会学到什么。虽然我们的健康和DNA之间的相关性较弱（就算有六十亿个核苷酸的整个DNA序列的武装，科学家也几乎永远无法预测自己的健康、重大疾病或死亡的原因），但那些担心隐私和健康的测试者，仍然可以通过让公司故意不提供健康信息检测来进一步减轻他们的忧虑。

误解6：我的父母和祖父母已故，所以遗传谱系对我没有帮助

尽管测试父母和祖父母的能力非常可贵，但未必不能成功的使用DNA，您可以利用一些变通办法。遗传谱系的基础是利用现存的DNA来了解和发现曾经的奥秘。您今天从父母和祖父母那里继承来的DNA可以用于研究您的遗传树，而无需测试任何其他亲戚。因此，如果您寻求的答案需要来自您自己之外的其他人的DNA，请不要感到失望。在大多数情况下，可以通过传统家谱方法从活着的人中获得DNA样本。

例如，男性携带由父亲遗传给他们的Y–DNA，这些DNA是从父亲那里遗传得到的，以此类推。因此，当您预测自己（或活着的男性亲属）的Y–DNA相同时，通常无需使用爷爷的Y–DNA。但是，如果您要从家谱中的某人（不是直接父系）寻找Y–DNA，则测试可能会更加困难。要获得该Y–DNA，请追溯祖先的男性后代，并找到愿意参加Y–DNA测试的活着的直接男性后代。同样，一代表亲从共同的祖父母那里获得了大量的DNA，而二代表亲则从共享的曾祖父母那里获得了大量的DNA。

您测试的家庭成员越多，发现和突破通常就越容易。如果只有一个人进行测试，那么每一代人都可能会丢失上一代人的50%遗传信息。例如，您仅携带父亲DNA的一半，母亲DNA的一半，并且平均而言，您仅携带来自四个祖父母的25%的DNA。如果您可以对父母或祖父母进行测试，则可以重新获得本该损失的50%或75%的遗传信息。同样，测试叔叔阿姨和兄弟姐妹将获得额外的（虽然更少）百分比，因为他们从您共同祖先那里继承了一些相同的DNA和一些独特的DNA。我们将在第6章中对此进行详细了解。

误解7：政府或我的健康保险公司将利用我的DNA

许多人选择不进行DNA检测，是因为他们担心检测结果可能用于包括保险公司和执法机构在内的邪恶目的。尽管您的DNA被用于非预期目的的可能性极低，但是每个家谱学家都必须在购买或参加遗传谱系测试之前考虑DNA测试的

意义。

　　毫无疑问，当我们发送唾液样本时，我们会失去对遗传信息的控制，即使三大DNA检测公司已经竭尽全力地保护数据库中我们的遗传信息。因此，相关的问题是，失去控制可能意味着什么。

　　据我们了解，对于大多数测试者而言，我们的健康状况与DNA之间的相关性很弱，因此您不必担心会通过DNA揭示有关您健康状况的敏感信息。在大多数情况下，您的DNA测试结果将仅仅表明您需要更好地饮食和更多运动，而这些建议您可能已经听说过。尽管专门的DNA测试可以为极少数人揭示更严重的疾病，但大多数商业遗传谱系测试旨在避免此类信息。

　　此外，美国联邦法律以2008年《遗传信息非歧视法案》（或GINA）的形式提供了一些有限的保护。GINA禁止雇主（拥有15名或以上雇员）使用遗传信息来做出雇用、解雇或晋升的决定，并禁止健康保险公司使用遗传信息来拒绝承保或增加保险费。但是，GINA并不是绝对的门槛，因此，提供寿险、伤残保险和长期护理保险的实体仍可能利用遗传信息。

　　此外，尽管执法机构有可能从测试公司那里获得您的DNA结果，但将DNA结果与您关联在一起的可能性很小。商业遗传谱系公司的DNA测试结果没有监管链，这意味着执法机构无法可靠地确定DNA来自您。从测试公司获取DNA是一个昂贵且复杂的机制。我们到处走走都会留下DNA痕迹，因此，对于机构来说，分析您在餐厅留下的杯子或路边留下的一袋垃圾要比从私人检测中获取样品要容易得多，也更便宜。

　　但是，请注意，您的DNA可能会通过GEDmatch之类的第三方工具（第8章讨论）被用于犯罪案件中，这会涉及您或亲戚所犯的罪行。2018年，家谱学家使用GEDmatch协助加利福尼亚州的执法部门，用于识别了20世纪70年代和20世纪80年代的金州杀手（GSK）犯罪中的嫌疑犯。一个来自GSK犯罪现场的DNA旧样本，这大概是来自凶手，经过了一个外部实验室的处理。然后，一份DNA数据文件上载到GEDmatch，用于查找肇事者的遗传表亲。确定了一些遥远的家庭成员，并构造和分析了这些遥远的家庭成员的家谱树。最终，这些GEDmatch联系与其他证据结合使用时，找到了一个可疑的嫌疑人。执法人员随后从犯罪嫌疑人那里获得了丢弃的DNA样本，而外部实验室进行的传统DNA

测试证实，丢弃的DNA样本与GSK犯罪现场的DNA匹配。该嫌疑人于2018年4月被捕。自那时以来，执法部门已经开始使用这项技术和GEDmatch数据库来识别其他犯罪嫌疑人。并且在2019年，博德科技（Bode Technology）公司宣布其法医家谱服务将搜索Family Tree DNA数据库中的文件，用来识别犯罪案件的线索。

因此，在使用Family Tree DNA和GEDmatch数据库时，将DNA上传到GEDmatch之前，告知您的亲属存在这些情况的可能性是很重要的。许多用户支持数据库的使用，并乐于协助识别嫌疑人，而其他用户则认为这侵犯了他们的隐私或滥用了他们的DNA。不管立场对与错，取而代之的是每个测试者必须表达他们对GEDmatch用于执法的立场，从而决定他们是否使用数据库。

考虑到这一点，许多对信息隐私的担忧是没有根据的。虽然将DNA样品发送给测试公司必然会放弃对您DNA序列的某些控制，但放弃该控制不太可能会带来负面后果。但重要的是，每位测试者都必须了解DNA的使用方式，尤其是第三方资源的使用方式。尽管测试公司竭尽全力避免政府和执法机构使用数据库，但某些第三方工具并不那么谨慎，如可能允许执法机构使用。我们有义务告知自己以及我们要求测试的亲戚这些可能的用途。

误解8：因为我的母亲/父亲/兄弟姐妹共享与遗传匹配项共享atDNA，所以我也应该与这个遗传匹配项共享atDNA

除非您了解DNA如何从一代传给下一代，否则您很容易认为您共享父母或兄弟姐妹的所有遗传匹配项。如果我的父亲与他的四代表亲共享DNA，我不应该也与这一位表亲共享DNA吗？如果我没有与这一位表亲共享DNA，这是否意味着我实际上不是我父亲的孩子？

答案取决于家谱关系。正如我们将在第4章有关atDNA的内容中看到的那样，与近亲共享DNA的可能性很高，而与远亲共享DNA的可能性则很低。下表来自23andMe，AncestryDNA和Family Tree DNA提供的家谱亲戚估计值，这些数据是根据他们达到检测限的共同DNA量计算的（在出版时，MyHeritage DNA 尚未提供此类信息）。

关系	23andMe	AncestryDNA	Family Tree DNA
比二代表亲更近	100%	100%	>99%
二代表亲	>99%	100%	>99%
三代表亲	~90%	98%	>90%
四代表亲	~45%	71%	>50%
五代表亲	~15%	32%	>10%
六代表亲或更遥远	<5%	<11%	<2%

　　虽然您的父亲可能有45%的机会与四代表亲共享DNA，但与同一个表亲共享DNA（隔了一代的四代表亲）的可能性就会大大降低。但是，如果父母或兄弟姐妹的遗传匹配项预测非常接近（如一代表亲），则您依然应该与这个遗传匹配项共享DNA。

　　这涉及家谱树和遗传树的概念。除非您的兄弟姐妹是具有相同DNA的同卵双胞胎，否则您的遗传树和您兄弟姐妹的遗传树只会部分重叠。您的兄弟姐妹将在他或她的遗传树中有一些祖先（主要是一些遗传表亲和匹配项），然而您却没有，反之亦然。

　　父母的遗传树也是如此。但是，由于您仅继承了父母的50% DNA，因此您是父母的遗传树的子集。因此，您必须与父母共享您的每一个真正的遗传匹配项，但是您的父母不需要与您共享他们的每一个遗传匹配项。

　　图A显示两个父母及其两个孩子之间重叠的匹配项。父亲和母亲都共享的匹配项，而每个孩子却没有共享。但是，每个孩子可能的遗传匹配项范围完全在父母的匹配项列表中。孩子们与他们共享许多匹配项（"父亲和两个孩子共享的匹配项"和"母亲和两个孩子共享的匹配项"），但是与一个父母共享的匹配项不与另一个父母共享。

　　在多数情况下，父母双方也会共享遗传匹配项，但出于此图表的目的，父母显示为不共享任何DNA或遗传匹配项。

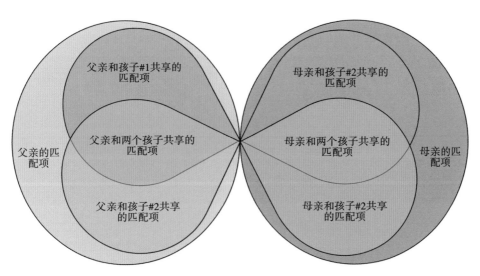

图A　记住哪些祖先共享DNA（哪些与您共享DNA）可能会造成混淆。上方的维恩图显示了父系和子系之间可能的关系

误解9：我应该与家谱亲戚共享DNA

这种误解与先前的误解密切相关。许多测试者购买了DNA测试，希望收到所有进行了DNA测试的家谱亲戚的清单。但是，由于每一代只继承前一代DNA的50％，因此您实际上无法匹配大多数家谱亲戚，至少不能超过四代表亲。如上表所示，虽然您与所有二代堂兄和更近的亲戚共享匹配项，但是与四代表亲及其更远的亲戚共享的可能性变得极为罕见。

但是，这并不意味着您和不与您共享DNA的四位表亲在遗传树中不能具有相同的共同祖先。为了与家谱亲戚共享DNA，必须满足以下所有条件：

1.您从某个祖先那里继承了DNA。

2.您的族谱表亲从同一个祖先那里继承了DNA。

3.您和您的家谱表亲从同一个祖先那里至少继承了一些相同的DNA。

如果您和家谱表亲没有共享DNA，那么这三个条件中的一个或多个条件都不能满足。另一种条件是，共享的DNA片段必须是可检测的，这意味着它必须是足够量的DNA片段以供测试公司识别。我们将在第4章中进一步讨论公司的检测门槛。

了解您可能与谁共享DNA以及您可能不与他们共享DNA的诸多原因，是遗传谱系学最重要的方面之一。

误解10：测试公司对我的种族估计应该与我已知的家谱相符

遗传谱系学中最大的误解之一是家谱树预测种族的能力。这也是测试者最大的抱怨之一，使那些期望其种族估计与已知家谱完全匹配的人感到困惑和愤怒。

然而，由于多种原因，不可能基于已知的家谱来预测种族估计。首先，正如我们将在第9章中看到的那样，种族估计在本质上受到几个因素的限制，其中包括用于分析的参考人口的大小和组成，即参考人口的大小和组成。测试公司不断增加参考人群，但规模仍然很小。由于这些因素，种族估计仅是估计，因此不应视为绝对或最终确定。事实上，可以预期，随着参考人口的持续增长以及测试公司种族估计算法的改进，每个种族估计都将至少随着时间的推移而略有变化。

除了种族估计的固有局限性之外，由于大多数人对其遗传谱系的了解有限，因此无法预测个人的种族。正如我们在上一章中所看到的，每个人都拥有家谱树和遗传树，而遗传树是家谱树的一小部分。但是，种族估计的问题是您不知道家谱树的哪一部分构成了您的遗传树。

例如，图B显示了一个遗传树，其中关注的特定种族以蓝色突出显示。但是，实际上向测试者提供DNA的个体以灰色突出显示。由于以蓝色突出显示的个人无法向特定后代提供任何DNA，因此仅仅使用后代的测试结果无法检测这个人的种族。此外，由于不在测试者的Y-DNA或mtDNA上，因此这些测试也不会检测到种族。毫无疑问，测试者的家族树中存在这种种族，但无法通过测试者当前的测试结果检测到。但是，测试者的兄弟姐妹或其他以蓝色突出显示的后代可能含有能够对其种族进行分析的DNA，这是需要测试许多不同家庭成员的另一个原因。

这种现象会发生在测试者的家族树中，这意味着测试者无法预测可能会检测到哪些祖先的种族。而且，正如我们将在后面的章节中看到的那样，即使对于那些位于测试者基因家族树中的祖先，这种少量的DNA经过几代人的传承后，可能无法检测到某些种族。

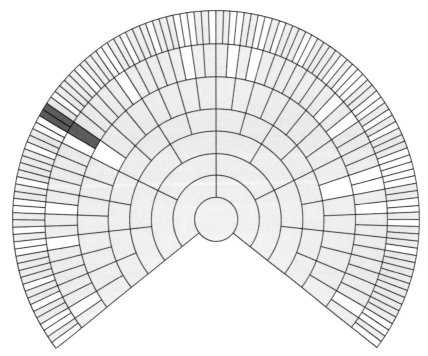

图B　测试公司提供的种族估计可能无法反映您所有祖先的种族。相反，他们仅粗略估计您的遗传树的种族（以灰色突出显示），而可以忽略未将DNA传递给您的祖先的种族（如以蓝色突出显示的祖先）

　　在某些情况下，例如在英国或欧洲大陆，测试者可能会拥有一棵根系在一个已有数百年历史地方的家族树。在这种情况下，尽管这些人群也无法准确预测遗传树的种族，但通常可以很好地近似估计此种族。大多数人来自世界上人口不稳定的地区，这些地区需要数百或数千年的时间才能很好地定义种族。

误解 # 11：测试公司提供的关系预测是真实的家谱关系

　　每个测试公司都主要根据测试者与遗传匹配项所共享的DNA量来提供关系预测。关系预测通常是可能的关系范围，而不是精确的关系预测。每个遗传谱系测试公司都有一组稍微不同的关系预测。Family Tree DNA提供了一个关系范围（图C），例如从二代表亲到四代表亲的范围。AncestryDNA将匹配项分类为"一代表亲"和"二代表亲"，但还提供了可能的关联范围（图D）。单击每个关系

图C　Family Tree DNA

图D　Ancestry DNA

范围旁边的问号会弹出带有其他信息的弹出窗口。测试公司23andMe还提供了关系范围。在图E中，显示了从二代表亲到六代表亲的关系范围。单击匹配项将显示更具体的关系预测的配置文件页面。MyHeritage同样提供了诸如"三代至五代表亲"的关系范围（图F）。我们还将在第4章中了解有关这些关系预测的更多信息。

因此，测试公司提供了关系预测，但是测试者不能保证该预测是这些人之间确切的家谱关系。相似的关系可能导致遗传匹配项共享相似数量的DNA，从而使关系预测变得复杂。例如，一代表亲和隔一代的一代表亲，可能与亲戚共享相似量的DNA。此外，当家族树中存在多个关系时，关系预测会更加复杂。仅举一个例子，双重一代表亲（拥有两个共同的祖父母的亲戚，如一对兄弟和一对姊妹的孩子）可以与半同胞共享非常相似的DNA量。此外，更遥远的关系也会影响预测。另外，在更遥远的家谱关系上，关系预测也不准确。例如，七代表亲和十代表亲通常与亲戚共享非常少但可能相似的DNA。

即使存在这些局限性和误解，遗传谱系学相对于传统研究也是有用和令人激动的补充，而传统研究通常只能用来回答特定的家谱学奥秘。由于正确地使用了遗传谱系，因此有了许多甚至数百个家谱学成功案例。要阅读其中一些鼓舞人心

图E　23andMe

33

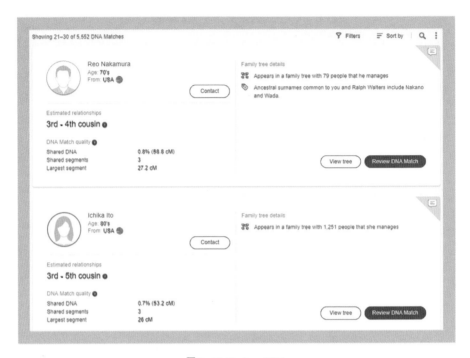

图F MyHeritage DNA

的成功案例，请参阅国际遗传谱系学学会（ISOGG）成功案例。在本书的第二部分中，我们将深入探讨不同类型的DNA测试以及如何将利用这些检测推进您的家谱研究。

核心概念：常见的误解

※ 遗传谱系可能有娱乐性，但它也是每个家谱学家必不可少的研究工具

※ 任何人都可以进行DNA或mtDNA测试。尽管只有男性可以进行Y-DNA测试，但是女性可以找男性亲戚进行Y-DNA测试

※ 单独的DNA测试不能为测试者提供完整的家谱。尽管mtDNA和Y-DNA测试在每一代只检查一个人，但这是使它们成为如此强大的研究工具的一部分

※ DNA测试可以潜在地揭示健康信息，但是了解不同公司的产品以及测试如何揭示健康信息可以帮助预防大多数问题

❋ 尽管对父母和祖父母进行测试可能是有用的，但这些亲戚对于利用遗传谱学并不是必需的

❋ 由于您的遗传树只是家谱树的一小部分，因此您不会与所有家谱亲戚共享DNA。实际上，您不会共享所有父母或兄弟姐妹的基因，因为您仅继承父母50%的DNA，而您与兄弟姐妹仅共享您大约50%的DNA

❋ 您无法根据已知的家谱准确预测种族估计。同样，来自测试公司的关系预测只是估计，只能视为需要进一步研究的关系

第3章

伦理与遗传谱系

您是否应该告诉您的舅舅，他不与姐姐（您的母亲）共享DNA？如果舅舅是35岁或95岁，这会有所不同吗？您是否应该帮助一名被收养者（他或许是您的一代表亲，也就是说您的一个姑姑或舅舅生了一个您不知道的孩子），还是应该忽视他的请求？

由于DNA既可以揭示意料之外的生物学关系，又可以证明预期关系的错误，因此DNA测试会引发许多道德问题。并非每个测试者都会遇到这些棘手的问题，但是随着越来越多的人接受测试，出现这些问题的机会也会增加。让测试者了解DNA测试的可能结果（就像我们在本书中所做的那样）可以帮助防止其中一些问题的发生，但是本章将讨论如何解决DNA测试带来的这些问题，并在提供决策时考虑一些道德框架。

测试者遇到的道德问题

如果您或您的亲戚正在考虑进行DNA测试，您可能会面临哪些道德问题？发现这些问题后应如何处理？在讨论如何预测或处理道德问题之前，我们先简要介绍一下DNA检验结果可能导致测试者或家谱学家遇到的一些道德问题或困境。随着DNA测试变得越来越强大，越来越多的发现将会呈现在世人面前。

关系破裂或发现

进行基因测试可能会发现测试者不知道的家谱关系。通过DNA测试，找到新的二代或三代表亲是很平常的事，因为这些亲戚之间的距离越来越远，而且几代人之间往往彼此失去联系。但是，找到一代表亲（甚至更近）的新亲戚却是出乎意料的。例如，通过测试结果找到新的同父异母的兄弟姐妹、姨妈、叔叔、侄女、侄子等一代表亲或其他先前不为人知的近亲并不少见。这些亲戚可能是综合各种家庭状况导致的结果，可能会给每一个参与人员一个完全意外的惊喜，或者可能是一个众所周知但并未进行讨论的家庭秘密。

基因测试也可能破坏测试者认为的基于遗传关系的家谱关系。在这种常见情况下，测试者和一个亲戚（通常是二代表亲或更近的亲戚）都进行了DNA测试，发现他们与预期的DNA不相同。这两个亲戚可能发现他们绝对没有共同的DNA。"父母身份分配不当"是指DNA测试结果表明关系错误的状况，最常见的情况发生在Y染色体DNA（Y-DNA）测试中或在近期的常染色体DNA（atDNA）测试中（二代表亲或更近）。如果错误的亲子关系是在很久以前发生的，则这种关系很难通过检测发现。

当DNA测试意外地揭示或破坏家谱关系时，可能会出现一些道德问题。例如，出现的最合乎逻辑的问题是您是否应该与受到影响的亲戚分享这个信息？如果您要求您的一代表亲进行DNA测试，发现他并没有与您共享DNA（这意味着他实际上不是您的表亲），您是否会与他、他的父母或自己的父母分享这些信息？正如我们将在后面的部分中讨论的那样，您有义务与他分享这个结果，但是没有义务解释结果或确保他们能够理解这个结果。若尽可能保密结果是否合乎道德？在这种情况下，明智有道德的人也可能会不同意正确的行动方案，并且也没有法律规定应该作出特定的回应。

再举一个例子,假设您收到了一份来自您的新近亲的被收养者(如预计为一代表亲)的协助请求,此时会出现一个逻辑问题,您是否应该与她共享信息来帮助这个新的一代表亲?您是否应该分享家庭的信息,帮助她找到她的亲生父母(或许是您的姑姑或叔叔)?您是否应该忽视她的要求?还是应该要求她不要调查这种关系?例如,如果新的亲戚可能是同父异母的舅舅,而您的外祖父母(其中一位可能是他的父母)已故,此时您对新亲戚的反应可能会有所不同。在这种情况下,涉及的"关键参与者"较少,而新家庭成员的出现带来的影响可能较小。再次强调,有理智和有道德的人可能不同意恰当的行动方案。

不幸的是,大多数测试者在测试之前并不了解,结果竟然会发现新的关系并破坏长期保持的关系。其他测试者则直接忽略了这种可能性,因为他们对自己的家谱关系非常有自信。但是,测试者应准备好应对各种情况,包括可能发现新的亲戚,或者他们现有的"亲戚"实际上并没有生物学关系。

收养

被收养者是接受遗传谱系测试的最大群体之一,通常规避了规范收养记录的严格州法律。结果,测试者会发现他们与被收养人之间可能存在或不存在的认知关系。

如果发现是领养可能导致许多难以抉择的道德问题。例如,测试者对被收养人的义务是什么?测试者对自己家庭的义务是什么?被收养人是否能够规避限制收养相关的州法律?法律应优先考虑谁的权利:被收养人、亲生父母或养父母?无论是谁提供的DNA,每个人都应该拥有自己DNA的知情权。无论如何,处理这个潜在的道德问题可能很棘手。

捐助者构想

自从允许捐赠精子和卵子以来的几十年里,如果捐赠的愿意很强烈的话,捐献者可以要求匿名。许多捐赠者在决定继续捐赠时都依赖于这个承诺。但是,购买DNA检测后,不到100美元就可以引发匿名带来的后果。

尽管每个孩子都应该拥有自身遗传遗产的信息,但这显然与捐赠卵子或精子的匿名性承诺相冲突。不幸的是，保护捐赠者匿名的唯一方法是完全杜绝任何DNA测试，但这种行为会带来更大的破坏性后果。尽管能够进行DNA测试揭示有关卵子和精子供体的信息，但即使在今天，有时也会向潜在的捐赠者提供匿名承诺。因此，如今向捐赠者承诺匿名是非常不道德的。

隐私

隐私是遗传谱系学家的主要关注点。例如，DNA测试结果不仅牵涉测试者，而且还可能牵涉测试者的近亲甚至是遥远的遗传亲戚。鉴于这些深远的影响，测试者是否可以在没有近亲许可的情况下进行DNA测试？测试者是否应该未经列表中所有人的许可而公开共享匹配信息？这些隐私问题是遗传谱系学界最普遍关注的问题。

预防和解决道德问题

了解更多有关DNA测试及其结果的信息，是测试者预防和处理测试结果而引发的道德问题的最有效方法。因此，家谱学家必须对可能的道德问题有深入的了解，以便对自己和其他测试者进行教育。

正如家谱学家黛比·帕克·韦恩（Debbie Parker Wayne）在《专业家谱学家协会季刊》中所写的那样，大多数家谱学家"采用从文件中收集家谱信息相同的方式来处理遗传信息，相信这是最好的途径——'遗传例外论'不是家谱的有效理论，即使它可能具有医疗用途"。但是，对于正在处理可能充满家庭秘密的遗传信息的家谱学家来说，对如何处理这类敏感信息的能力是有限的。

由于DNA在揭示未知、秘密或被遗忘的家谱信息的能力方面并非独一无二，因此家谱学家应该多向同行学习，看看他们是如何处理家谱研究其他领域中的隐私和道德问题。例如，2000年制定的国家家谱学会《与他人共享信息的标准》建议家谱学家"尊重因他人的权利而导致的信息共享限制……作为一个活着有隐私的人"和"在假定活着的人同意进一步分享有关自己的信息之前，需要获得同意的证据"。

同样，家谱鉴定委员会道德准则也能提供有关这种问题的见解，该规范仅对

遗传例外论

DNA测试是一种谱系资源，可以为测试者提供有关一个或多个谱系关系的信息，这些信息从本质上来说是个人的，并且通常是敏感的。但是，DNA检测的结果与其他类型的家谱记录得出的结论是否值得区别对待？

遗传例外论认为，遗传信息是独特的，需要与其他家谱信息进行区别对待。遗传例外论的支持者认为，遗传信息需要严格的保护，部分原因是DNA不仅能够披露有关个人的信息，而且还能够披露有关个人家庭的信息。另外，DNA在某些方面具有预测性，因为它可以指示某些遗传或医学疾病的易感性（甚至存在），其中某些疾病可能是危险的。

毫无疑问，基因检测可以揭露新的和旧的家庭秘密。确实，成千上万的遗传谱系学家正是出于以下原因购买了DNA测试：发现自己家庭秘密背后的真相。许多遗传谱系测试的客户了解他们从未知道过的家庭秘密。有些人会很高兴了解有关这些家庭秘密的真相，而另一些人可能会遭受重创。随着基因测试的日益普及，这些秘密正以惊人的速度被揭露。

但是，与传统的家谱研究相比，DNA真的能揭示出更多有关家庭的信息吗？其他类型的家谱记录，例如人口普查记录、出生证明、契约或税收记录，通常也为家谱学家提供类似的信息。例如，出生证明可以表明抚养孩子的父母实际上不是其亲生父母，或者人口普查记录可以表明一个家庭实际上是一个混血家庭，这是由于人口普查员使用了"同父异母""继"之类的字眼。毕竟，意外的怀孕、出轨、领养、离婚和其他可能引起情感问题的家庭事件在现代是非常常见的事。

即使没有进行DNA测试，家谱学家也可能发现有关亲属的潜在敏感信息。例如，海伦·布伦（Helen Bulen），1889年左右出生于纽约，其后代可能会对人口普查记录中发现的年龄感到惊讶。尽管在1892年的纽约州人口普查中没有记录家庭关系，但是家庭通常是一起计算的。在这份记录中，三岁的海伦·布伦（Helen Bulen）与弗兰克·布伦（Frank Bulen）（53岁）和海伦·布伦（62岁）住在一起。尽管在社会保障申请中，弗兰克和海伦确定为海伦的父母，但显然海伦·布伦不可能在1889年大约59岁时才生下海伦。

同样，在1900年的人口普查中，莱安德·赫斯（Leander Herth）的后代或亲戚可能会惊讶地发现，莱安德是1898年6月出生的"弃婴"男孩。通过人口普查，后代很容易相信他是约瑟夫（Joseph）和艾玛·赫斯（Emma Herth）的亲生孩子。随着时间的

75		140 143	Herth, Joseph E.3	Head	...	W	M	June	1865	36	M	10		
76		—	, Emma	Wife		W	F	May	1873	27	M	10	4	2
77		—	, Vincent	Son		W	M	April	1892	8		S		
78		—	, Joseph	Son		W	M	July	1894	5		S		
79		—	, Leander	Foundling		W	M	June	1898	1		S		
80		Byard, Burell	Border		W	M	Sept	1857	42	M	20		
81		Procter, Thomas	Border		W	M	March	1864	36		S		
82		— , Emma	Border		W	F	Sept	1853	46		S		

莱安德·赫斯（Leander Herth）条目中 "Foundling" 详细描述的家庭情况比家谱学家最初所认为的要复杂得多，尤其是从莱安德（Leander）姓赫斯（Herth）之后

推移，许多关系和事件都会有意或无意地丢失。

除了用于家谱研究的传统记录之外，被收养者还一直在努力获取密封的收养记录。与任何其他记录相比，这些记录可能是包含非生物家庭关系的直接证据。例如，2010年，伊利诺伊州通过了一项法律，赋予21岁以上的被收养者拥有要求其原始出生证明拷贝的权利。自该法律生效以来，根据《芝加哥每日法律公告》2014年的文章，该州已向成年被收养者颁发了超过一万张出生证明。其他州已经颁布或正在考虑颁布类似法律。这些法律已经揭露了数千个非生物家庭关系，而并不涉及DNA检测。因此，DNA在揭示家庭秘密方面没有垄断权。

尽管遗传例外论有很多支持者，尤其是在学术界，但对于很多每天处理不同类型家谱记录的遗传谱系学家，他们坚决反对这一理论。鉴于家谱学家可以通过其他类型的记录获得的信息种类，反对DNA检测似乎是不合逻辑的，因为DNA检测既能达到揭示有关个人和家庭信息的目的，同时又不违背任何形式的传统家谱研究和向被收养者开放记录的法律。所有记录都有可能揭示有关非生物家庭关系的信息，并且现代DNA研究可能引发家庭事故，出现来自后代的情绪上的反应（收养、流产、出轨、离婚等），这些事件都是现代常见的。

尽管DNA能够揭示有关测试者以及测试者亲戚和祖先的信息，但只是许多类似记录中的一种。系谱学家使用多种不同类型的记录来恢复和重建过去和现在的生物学和非生物学关系。家谱学家在人口普查记录或其他类型记录过程中，必须谨慎防止透露有关活着的人的信息，在使用DNA测试的时候也应该如此。

经董事会认证的家谱学家进行规范，要求这些家谱学家"对透露给他们的任何个人或家谱信息保密，除非他们同意共享"。

可以说，这些丰富的标准和道德准则为遗传谱系学家提供了充足的指导。但是，这些标准和准则并不能专门解决DNA测试可能引起的道德问题。幸运的是，这些理事机构继续更新着标准。截至2018年下半年，BCG的《道德守则》中包含了有关保护提供DNA样本的人员部分。

遗传谱系标准

认识到缺乏指导的问题后，一群家谱学家和科学家在2013年秋天齐聚一堂，起草了DNA测试标准。在接下来的一年中，该小组起草了一份名为《遗传谱系标准》的文件，该文件于2015年1月10日作为盐湖家谱研究所学术会议的受邀论文正式发布。

《遗传谱系标准》面向的是"家谱学家"，在标准中定义为接受遗传谱系测试的任何人，以及根据遗传谱系测试向客户、家庭成员或其他个人提供建议的任何人。因此，该标准针对的是消费者，而不是基因谱系测试公司。

这些标准分为两部分：第一部分是关于获取和传达DNA测试结果的标准，第二部分是关于解释DNA测试结果的标准。

对于遗传谱系测试提出的道德问题，没有绝对正确的答案或绝对错误的答案。但是，编写《遗传谱系标准》旨在为预防和应对这些道德问题提供一些指导。在本节中，我将概述标准提出的一些最重要的观点，以及它们背后的一些推理。

标准＃1：公司产品

"家谱学家审查并了解现有测试公司提供的不同DNA测试产品和工具，并在进行测试之前确定哪些公司能够实现家谱学家的目标。"

这至少要求家谱学家对各种类型的DNA测试以及测试公司提供的产品有基本的了解。尤其是在多家不同公司进行测试时，DNA测试可能很昂贵。

因此，重要的是，为了使我们和亲属的测试费的价值最大化，我们应该确保我们订购的测试能够实现我们的目标。例如，我们不应该要求mtDNA测试来检查家族树的父系（正如我们将在第5章中看到的那样，Y-DNA测试可能更有用）。

标准＃2：同意测试

"家谱学家只有在获得测试者书面或口头同意后，才能获得DNA用于测试。对于已故的人，可以征得法定代表人的同意；对于未成年人，可以由未成年人的父母或法定监护人给予同意。但是，家谱学家无法从拒绝接受测试的人那里获得DNA。"

对遗传谱系测试的伦理关注从未比2007年《纽约时报》的一篇文章更强烈，家谱学家通常会在未经同意的情况下从亲戚那里获取DNA。正如文章中提到的那样，一些家谱学家实质上是"跟踪"潜在的亲戚来获取DNA信息，甚至从垃圾桶中获取需要测试的对象的咖啡杯。

然而，根据标准，未经任何提供者、法定代表人或父母/法定监护人的同意，不能开展DNA测试，除在法律或法院命令明确要求进行DNA检测的情况下之外。例如，某些家谱学家经常介入个人拒绝测试但根据法院命令被迫测试的案件。

标准＃3：原始数据

"家谱学家认为，即使测试人员以外的其他人购买了DNA测试，测试人员对自己的DNA测试结果和原始数据也拥有不可剥夺的权利。"

该标准还建议家谱学家必须将原始数据提供给提供DNA样品的人员。例如，如果一位家谱学家为一位阿姨购买了一项测试，则即使她没有购买该测试，家谱学家也必须将原始数据提供给阿姨。这促进了购买测试的人员和提供DNA测试分析人员之间的开放性和共享性，这也使许多遗传谱系学家相信个人有权拥有自己的遗传遗产。

幸运的是，三大测试公司提供了原始数据（如第3号染色体rs13060385处的GG结果）供测试人员使用，因此在这几家公司进行测试或建议进行测试均符合标准的规定。但是，该标准并未专门针对一种情况作出说明，即家谱学家在不提供原始数据的公司进行测试，推荐这样的测试会违反标准吗？

标准＃4：DNA存储

"家谱学家知道测试公司提供的DNA存储选项，并考虑了存储DNA样品与不存储DNA样品对将来测试的影响。储存DNA样本的优势包括降低未来测试的成本，包括测试或保存不能获得DNA样本。但是，家谱学家知道，没有公司能保证所存储的DNA的数量或质量足以执行额外的测试。家谱学家还应该了解，测试公司可能会在不通知测试人员的情况下更改存储策略。"

制订解决研究目标的有效DNA测试计划，这是负责任和知情的家谱研究的重要组成部分。通常，该研究计划将涉及有关当前和将来的DNA测试决策。正如我们稍后将在书中讨论的那样，目前只有Family Tree DNA可以使用以前存储的测试或收集的样品来订购DNA测试。因此，如果想选择未来新的测试（如升级或其他类型的测试），则必须考虑存储选项。例如，这可能涉及仅在Family Tree DNA上进行测试，或在包括Family Tree DNA在内的多家公司进行测试。了解所有测试策略和可用的存储选项是遗传谱系测试的重要方面。

标准＃5：服务条款

"家谱学家审查并了解测试人员在购买DNA测试时同意的条款和条件。"

不幸的是，消费者在接受服务条款之前没有仔细阅读，一方面是阅读所有内容需要花费时间，另一方面是它们通常是难以理解的法律文字。2005年，计算机维修业务PC Pitstop在其"最终用户许可协议"中增加了一条条款，即如果通过给定电子邮件地址与他们取得联系，则提供巨额经济奖励。令人惊讶的是，完成了3 000个测试的销售并历时五个月，才有第一个人发现这条条款并要求奖励。对于DNA测试结果，家谱学家在购买或推荐测试之前，阅读并理解测试的潜在影响非常重要。

标准＃6：隐私

"家谱学家仅在尊重和保护测试人员隐私的公司进行测试。但是，家谱学家知道，永远无法保证DNA检测结果完全匿名。"

再次强调，隐私是DNA测试的重要方面。几乎可以肯定的是，家谱学家不应该在没有保护测试者隐私的公司进行测试，标准委员会认为这非常重要且不可忽略。

　　但最重要的是，每个同意参加DNA测试的人都必须了解，即使测试者使用化名，也没有人能够保证DNA测试结果完全匿名。确实，大多数DNA测试的目的是寻找遗传匹配项。因此，即使DNA检测的结果是匿名的或被检测公司取消身份识别，也可以使用DNA检测的结果来识别检测者。

标准＃7：第三方访问

　　"家谱学家知道，DNA测试结果一旦公开可用，则可以在未经许可的情况下由第三方自由访问、复制和分析。例如，在DNA项目网站上发布的DNA测试结果是公开的。"

　　一旦测试者同意公开她的DNA，DNA数据就不再受保护。例如，在姓氏项目的网站上发布结果，这意味着任何人都可以自由复制和使用这些结果，原始DNA数据可能失去了版权保护。此外，当某人在没有合同安排的公共网站上访问DNA测试结果时，对如何利用这些结果却没有任何限制。例如，执法部门使用免费GEDmatch数据库获得原始 DNA 结果，用来帮助寻找 2018 年著名的金州杀手。因此，家谱学家了解公开DNA检测结果的效应是很重要的。

　　DNA测试的好处始终要平衡考虑测试者及其亲属对遗传信息的了解和对隐私的担忧。尽管保持DNA完全私有的唯一方法是避免进行DNA测试，即使这也不是绝对的保证，但如果从未进行过DNA测试，则无法实现揭示家谱信息的能力。

标准＃8：共享结果

　　"家谱学家尊重在检查人员要求下审查和共享DNA检测结果的所有限制。例如，未经测试人员的书面或口头同意，家谱学家不会共享或以其他方式透露DNA测试结果（超出测试公司提供的工具）或其他个人信息（姓名、地址或电子邮件）。"

　　向亲戚索要他们的DNA样本可能是一件具有挑战性的事。人们通常担忧隐私和测试结果滥用的问题，这是合理的，从而迫使他们无法开展测试。为了减轻人们的担忧，可以对共享测试结果提出限制条件，如测试亲戚时通常使用化名或缩写。

一旦一个人同意接受测试，就必须尊重她对测试提出的任何限制，除非与测试者（或法定代表人或继承人）取得联系以更改原始协议或协议的条款。如果最初的限制阻碍了未来的研究，那就更应该如此。例如，如果一个亲戚要求使用化名，那么除非获得同意，否则该亲戚的名字不能与遗传匹配项共享。例如，除非获得了亲戚的同意，否则亲戚的原始数据或测试结果无法上传到GEDmatch之类的第三方网站。

该标准未解决以下问题：测试者同意DNA测试并提出一定的限制条件，之后测试者死亡，那么未来是否必须获得测试者继承人的同意，或者已故的测试者不再对DNA享有任何权利？这些问题有待解答，但可能没有直接正确或错误的答案。

标准＃9：学术

"在讲授或撰写遗传谱系时，家谱学家尊重他人的隐私。除非事先获得遗传匹配项公开结果的许可，否则家谱学家在演示过程中，必须将活着的遗传匹配项的姓名隐私化或删除。家谱学家只能在事先获得测试者公开结果的许可情况下，才能在学术作品中共享活着的人的DNA测试结果。家谱学家可以与学术编辑或同行审阅人秘密地分享个人的DNA测试结果。"

长期以来，家谱学家认识到隐私化和修改活着的人的名字的重要性。然而，在DNA领域，遗传谱系学家花费了很长时间才接受隐私化。目前，人们可以很方便快速地对结果进行截图，或者无意的在网上共享结果，或者在演示文稿中不删除匹配项的名称。

只能在获得明确许可的情况下才能显示匹配项。尽管这对于一长串匹配项可能不切实际，但还是有必要保护隐私。此规则可能会有一些例外情况，如作者在未出版的学术著作中与编辑或同行审阅者共享测试结果。

然而，有一个灰色区域，在这里可以与另一个人或一小群人共享结果。例如，如果一位家谱学家与朋友或家人一起查看他的结果，他是否应该首先以某种方式修改基因匹配项列表？或者，如果一位家谱学家在一个小型DNA特殊兴趣小组的会议上展示测试结果怎么办？目前这些问题尚未解决，但是大多数家谱学家认为，隐私和与他人一起探索结果之间可以达到适当的平衡。

标准＃10：健康信息

"家谱学家认为DNA检测可能会对医学产生影响。"

例如，家谱学家可以告诉测试者AncestryDNA和Family Tree DNA不会泄露其健康信息（23andMe故意测试并显示健康信息）。但是，这是不准确的陈述。正如我们将在有关Y-DNA和线粒体DNA（mtDNA）的章节中看到的那样，一些测试是可以揭示健康信息的。不仅可以挖掘Y-DNA，mtDNA和atDNA测试的结果以获取某些已知医学状况的信息，而且随着科学家更好地了解DNA，这些结果可能会在未来的几年里引出更多的发现。如果如今的测试结果显示是正常的，那么未来患者的特征或健康状况也倾向于正常。

因此，家谱学家向测试者保证，通过AncestryDNA和Family Tree DNA进行的测试不会故意去检查健康信息，并且通常不会透露测试者的健康信息。

标准＃11：出乎意料的结果

"家谱学家知道，DNA测试结果与传统的家谱记录一样，可以揭示有关测试者及其直系亲属，祖先或后代的意外信息。例如，DNA测试结果和传统的族谱记录都可以显示出错误的血缘关系、收养、健康信息、以前未知的家庭成员、家谱中的错误以及其他意外结果。"

在测试之前，了解DNA测试结果可能会破坏现有的亲戚关系并发现新的亲戚关系，可以防止出现许多道德问题。随着商业DNA测试数据库的规模不断扩大，检测和解决这些已揭示和破坏的亲戚关系变得越来越容易。对于任何试图发现自身遗传遗产的人来说，这无疑是一个积极的发展，但它也会引起我们在本章中详细讨论过的道德问题。

在研究中应用道德标准

如今，我们已经研究了测试过程中可能会遇到的一些潜在的道德问题（以及遗传谱系社区成员鼓励的道德标准）。在进行研究时您应该遵循什么道德标准？许多人在经历他们的DNA测试旅程时并不会遇到任何意外的结果，而其他人可能会在受到最初的测试结果时便遇到道德问题。这并不意味着人们应该担心遗传谱系。相反，它只是意味着人们必须意识到各种可能性，并为这些可能性做好准备。

在实践中，可以采取一系列简单的步骤来避免或减轻这些道德问题的影响：

1.了解可能性。请注意DNA测试的可能结果，包括发现您不认识的新的近亲的可能性，以及发现实际上与您无关的近亲的可能性。本章详细解释了许多这样的可能性。

2.研究遗传谱系标准，并确保您的DNA测试计划符合或超过所有标准。例如，您是否了解测试公司的条款和条件？当您获得测试结果时，您是否打算尊重匹配项的隐私性？

3.当要求其他人进行测试并解释DNA测试的风险时，通过分享遗传谱系标准来鼓励他人遵守道德规范。与他们讨论可能的结果，并询问是否希望被告知其结果与预期的情况。尽管这可能会导致人们拒绝测试，但是相比于那些完全不了解或接受潜在结果的人来说，这种情况更让人接受，因为在不完全了解的情况下进行测试可能会对遗传谱系测试产生负面影响。

4.负责任地回应问题。当出现道德问题时，请为之做好准备并能够作出单独的回应。如果您问过一个亲戚，是否想将他们的意外结果告知他们，那么大部分的答复都已经为您准备好了，不管他们想不想被告知（或者他们将想要被告知），而您将需要一种周到的方法来做到这一点。

5.为意外做好准备。不幸的是，即使做出了最佳规划，也会出现意想不到的道德问题。例如，您可能会从新的基因匹配项中收到帮助请求，该匹配项预计是新的表亲。这意味着您的一个阿姨或叔叔（他们没有测试过他们的DNA）有一个您不认识的孩子。要解决此类问题，您需要随机应对您的家庭状况，并需要用一种负责任的（或者视情况而定）方式协助新亲戚。

通过遵循这些简单的步骤，可以预见并准备应对遗传谱系测试可能引起的大多数伦理问题，从而确保DNA测试对每个人都具有最大的回报。

毫无疑问，诸如遗传谱系标准之类的道德准则为招募、测试和研究创造了真正的障碍。但是，为了推广和支持这个让所有人受益的工具，有必要创建这些障碍，尤其是对于那些不了解DNA测试会带来的所有潜在结果的人。

遗传谱系标准无法预见、预防或解决家谱学家或DNA检验人员遇到的每一个伦理问题。但是，这些标准以及对DNA测试的一般理解可以帮助测试者明白DNA测试的可能结果。有了这些认知，潜在的测试人员就可以做出有关DNA测试的明智决定，从而避免了许多问题的出现。

核心概念：伦理和遗传学

※ 遗传例外论是一种遗传信息是唯一的，必须用不同于其他家谱信息的方式进行对待的理论。但是，所有与族谱相关的记录类型（包括DNA）都能够揭示已知和未知信息，包括家庭秘密。结果，许多家谱学家拒绝接受这一理论，即DNA应该接受特殊或不同待遇

※ 防止无意泄露家谱信息（例如DNA测试可能揭示了长期被遗忘或隐藏的秘密）的唯一方法是防止所有家谱研究

※ 创建遗传谱系标准旨在为家谱学家和潜在测试者提供道德指导。这些标准有助于使用DNA测试为家谱学家建立最佳实践，旨在确保参与DNA研究的所有人同意并保护个人数据和隐私

第二部分

选择测试

第4章

常染色体DNA（atDNA）测试

您将唾液样本或颊拭子寄给了一个或多个主要测试公司（23andMe、AncestryDNA、Family Tree DNA、Living DNA和MyHeritage）进行常染色体DNA（atDNA）测试，而且刚刚收到了结果。接下来，你现在要干什么？这些结果意味着什么，以及如何使用它们来推进家谱研究？

在过去的几年中，数百万人接受了主要测试公司的DNA测试。随着越来越多的人参与测试，测试数据因此进入公司的数据库，查找基因匹配项和搜索共同祖先变得比以往任何时候都容易。在本章中，我们将介绍和了解atDNA测试结果及其一些功能（如表亲匹配）所需的基本概念。我们还将介绍测试公司提供的atDNA工具，以及如何使用这些工具来找到普通祖先并回答家谱问题。

什么是常染色体DNA？

常染色体DNA（atNDA）是指在每个细胞核内发现的22对非性染色体。atDNA染色体或常染色体的长度各不相同，并且在可视化时（图A），它们的大小大致与其编号有关，其中常染色体1最大，常染色体22最小。

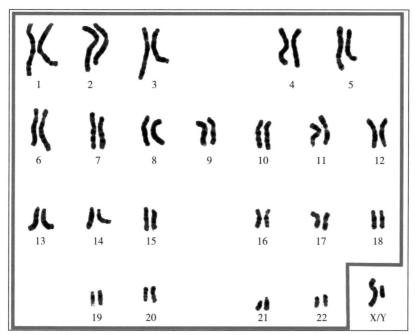

图A　DNA中有22对人类染色体被认为是atDNA。
第23对，即性染色体，决定了性别和其他特征

atDNA遗传

atDNA与线粒体DNA（mtDNA）和Y染色体DNA（Y-DNA）不同，其从父母双方那里具有同等遗传。因此，一个人从妈妈那里得到每个染色体对中的一条染色体，从父亲那里得到每个染色体对中的另一条染色体（图B）。但是，由于没有便于识别它们来自哪个亲本的标记方式或标记染色体，因此仅靠atDNA遗传谱系测试的结果无法识别DNA的特定来源。

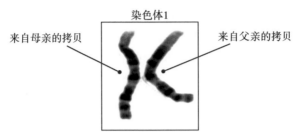

图B　您会分别从父母那里继承得到每个染色体的一份拷贝

　　一个孩子的全部DNA都来自父母双方，从他的母亲那里继承了大约50%的DNA，从父亲那里继承了大约50%的DNA。但是，孩子并没有继承父母双方的全部基因，相反，他只继承了父母总DNA的一半，而保留了另一半。这种继承方式发生在每一代人身上，意味着随着时间的流逝，我们从祖先那里继承得到的DNA变得越来越少。

　　在图C中，莱利（Riley）只继承了父母DNA的50%，祖父母DNA的25%和曾祖父母DNA的12.5%。尽管未在图中显示，莱利将只继承其曾曾祖父母DNA的6.25%，依此类推。

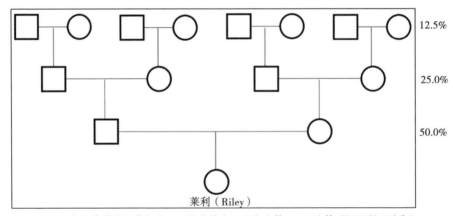

图C　每代遗传得到的祖先DNA越来越少，这意味着atDNA随着时间逐渐"消失"

　　应当指出，百分比是基于整个人口的平均值，而不是任何给定个体的绝对值。因此，虽然平均每个人从其祖父母那里继承25%的DNA，但实际上百分比会有所不同。例如，下表是两个孙子从四个祖父母那里获得的DNA百分比：

	祖父	祖母	外祖父	外祖母
预期值	25%	25%	25%	25%
孙子1	28.0%	22.0%	26.6%	23.4%
孙子2	23.7%	26.3%	17.7%	32.3%

虽然每个人平均占25%（来自四个祖父母的 DNA 加起来总是100%），但孙子1的范围是22.0%～28.0%，孙子2的范围更大：17.7%～32.3%。

根据上表显示的继承模式，可能确定一个人与近亲共享的DNA量。例如，如果孙子和祖父母都参加了atDNA测试，则他们应该平均共享25%的DNA。同样，如果

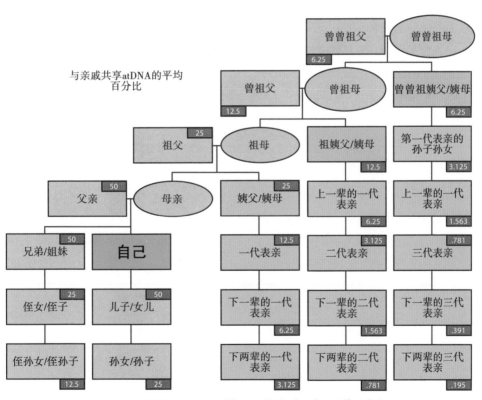

图D　您可以根据atDNA继承模式预测与亲戚共享DNA的百分比

一个人和他的姨妈/姑妈都接受了atDNA测试，则他们应该平均共享25%的DNA。

图D显示以百分比形式预测一个人与近亲共享的DNA量。每个关系的百分比都可以在红色框中找到。与上述其他百分比一样，此图表仅代表与亲戚共享的DNA的平均百分比，与亲戚共享DNA的实际数量可能相差很大。

重组

在进行atDNA测试和解释结果时，要考虑重组过程这一重要因素。在染色体传给下一代之前，它会进行重组。在重组过程中，亲本染色体对可以在减数分裂过程中随意交换DNA片段，这是一种自然的、特别的过程，其中细胞分裂为用于繁殖的卵和精子。

在研究重组之前，从整体上回顾减数分裂以及重组发生的方式和时间可能会有所帮助。减数分裂的发生是为了使细胞能够在配子（精子或卵）的生产过程中将其DNA分裂成子细胞，并且该细胞在减数分裂的早期复制其染色体。通常，每个细胞具有23对染色体（22对常染色体和1对性染色体），总共46条染色体。但是，在减数分裂的第一步中，染色体是重复的，导致共有92条染色体。以图E为例，该细胞将进行DNA的复制，因此具有四个1号染色体拷贝（两个拷贝来自母亲的染色体，两个拷贝来自父亲的染色体）。同样，该细胞具有四个2号染色体拷贝，依此类推。

由于正在复制的染色体排成一列，分裂成多个子细胞，因此当染色体链重叠时，重组可以在四个染色体拷贝（例如1号染色体）中的任何一个之间发生。如果染色体的遗传物质交叉，它们之间可能会交换一些DNA，可能导致遗传变异。减数分裂（以及任何重组事件）完成后，子细胞将随机接收四个染色体拷贝之一，这意味着三个拷贝（其中两个相同）将保留下来。

请注意，重组事件也可能无法检测到，主要（部分）是由于一些染色体越过了遗传信息。如果重组发生在两个染色体的父本拷贝之间或两个染色体1的母体拷贝之间（姐妹染色单体之间，即两个蓝色的父本染色体之间或两个粉红色的母本染色体之间），则不会发生可检测到的变化，因为它们是相同的拷贝。但是，如果重组发生在父本染色体和母本染色体之间（非姐妹染色单体之间，即蓝色的父本染色体和粉红色的母本染色体之间），则会发生可检测到的交叉（图F）。

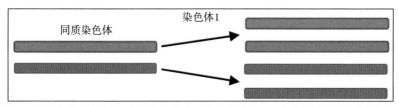

图E 在减数分裂过程中，每对染色体（一个来自母亲，一个来自父亲）进行复制，从而每条染色体产生了四个拷贝。在此图中，父亲遗传的DNA用蓝色表示，母亲遗传的DNA用粉红色表示

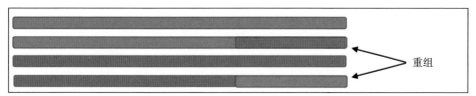

图F 当相邻染色体的DNA交叉并交换遗传信息时，发生重组

　　重组是随机发生的，并且每个细胞分裂都可能导致不同数量的重组事件（或根本没有重组事件）。但是，单个染色体发生少数重组事件的情况很少见。有趣的是，在整个22个常染色体中，女性比男性倾向于发生更多的重组事件。

　　图G展示了atDNA从祖母［阿加莎（Agatha）］到其孙女［考特尼（Courtney）］的遗传过程。当父亲［本尼（Benny）］产生精子时，表示单个重组事件（尽管阿加莎产生了孕育儿子本尼的卵时进行了重组，但只有通过将DNA与祖先进行比较才能检测到重组）。图H将考特尼的前五个染色体与阿加莎的前五个染色体进行了比较，以绿色表示两者共享的DNA。

　　比较这两个女性的atDNA可以告诉我们很多有关atDNA如何在世代间遗传和重组的信息，因为重组一定发生在女性之间不共享的DNA区域。例如，观察第1号染色体，发现两个女人的染色体之间有不同的地方，是由于发生了两个重组事件，如图I所示。在1号染色体的末端也可能发生了第三次重组，因为两个女人之间没有共享该区域。

　　那么，我们如何解释它们之间的差异？重组事件在何处发生？在父亲将1号染色体的拷贝传给女儿之前，来自母亲和父亲的1号染色体拷贝至少跨越了两个不同的位置。当本尼（Benny）的DNA分裂成子细胞时，带有遗传信息的拷贝与母亲

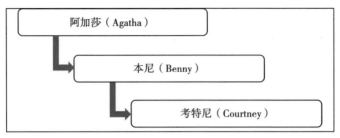

图G　无论每个家庭成员的性别如何，atDNA都会从一代传给下一代

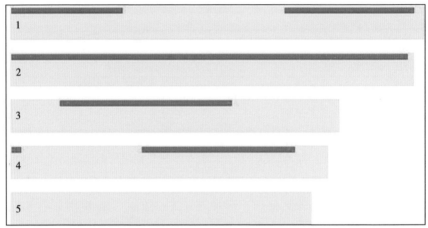

图H　atDNA测试允许测试者将其atDNA与祖先的atDNA进行比较。在这里，考特尼（Courtney）与祖母阿加莎（Agatha）在第五号染色体上共享的DNA用绿色表示

绿色位置的拷贝结合，进而传递给了成为考特尼（Courtney）的细胞需注意的是，与阿加莎（Agatha）的DNA相比，染色体的另一个拷贝看起来恰好相反，共享的绿色部分是在中间。但是，考特尼并未继承染色体的这个拷贝。

　　共享的DNA还可以帮助研究人员确定染色体的哪一部分是从其他祖先那里继承得来的。具体来说，由于1号染色体中间的片段与阿加莎（Agatha）的片段不匹配，因此这一DNA片段一定与考特尼（Courtney）的祖父［即本尼（Benny）的父亲］相匹配。本尼的DNA和考特尼一样，只能来自他的两个祖先：他的母亲阿加莎（考特尼的祖母）或父亲（考特尼的祖父）。

　　让我们分析更多的染色体，看看可以从中得到什么。在2号和5号染色体上，非姐妹染色体之间没有重组，考特尼继承了阿加莎的2号染色体的整个拷贝，但没有继承阿加莎的5号染色体。在6号染色体上，发现染色体在传递的中途大约有一个重组事件，因为阿加莎和考特尼并没有共享6号染色体的大部分DNA（图J）。

重点是，由于重组，阿加莎（Agatha）的DNA已经丢失，因此不能传递给考特尼（Courtney）和所有子孙后代（除非从其他系通过本尼（Benny）的兄弟姐妹进行追溯）。例如，考特尼的后代将不会继承阿加莎5号染色体的DNA。因此，阿加莎5号染色体拷贝中包含的所有基因、种族标记和其他信息在该家族的这个特定系中都会丢失（可以通过测试阿加莎的其他亲戚或其他人来恢复）。

请注意，由于DNA的重组可以发生在每一代，因此祖先与其后代之间的DNA数量通常会在代代相传的过程中减少。例如，当考特尼（Courtney）遗传给她的孩子时，阿加莎（Agatha）传递给考特尼（Courtney）的1号染色体DNA可能会进一步"分解"成较小的碎片。当产生孕育其儿子德里克（Derek）的细胞时，考特尼的1号染色体DNA可以重组。在图K中，绿色表示考特尼（上）和德里克（下）

图I 阿加莎（Agatha）和考特尼（Courtney）共享的DNA片段出现间断，这表明在上述位点发生了两次重组事件，导致两个亲人之间的DNA出现差异

图J 阿加莎（Agatha）和考特尼（Courtney）的6号染色体之间共享了一段DNA，这表明在指示的位点仅发生了一次重组事件

图K 考特尼（Courtney）可以通过多种方式将阿加莎（Agatha）的atDNA（以绿色表示）传递给她的儿子德里克（Derek），包括上述几种方式

与阿加莎共享的1号染色体DNA，阿加莎1号染色体左端的大部分DNA没有传递给曾孙，并且1号染色体右端的大片段经历了两次重组事件，导致进一步的丢失。因此，重组可能会导致阿加莎传递给下一代很小一部分的1号染色体，正如图L所示。

如本节前面所述，没有传递下来的DNA再也不能继续传给后代。因此，德里克和阿加莎永远都无法共享图M中所示的1号染色体部分，因为考特尼从未从父亲那里继承过那段DNA，因此也无法将其传递给德里克。唯一的例外情况是，德里克（Derek）以某种方式从父亲那里继承了阿加莎（Agatha）1号染色体的那段DNA，这可能意味着德里克的父亲也与阿加莎有某种亲缘关系，因为两人共享一些DNA片段。

现在，让我们举一个真实的例子：将孙子的DNA与他的四个祖父母的DNA进行比较，并识别出每个DNA的来源（对于前十个染色体）（图N）。该图是使用凯蒂·库珀（Kitty Cooper）的染色体映射器（chromosome mapper）制作的，该图显示了孙子DNA的每个部分与祖父母们之间的比较：外祖父母为红色和橙色，祖父母是深蓝色和浅蓝色。无论颜色如何变化，都表示发生了重组事件。例如，查看父系染色体（深蓝色和浅蓝色），发现孙子不是与祖母（深蓝色）就是与祖

图L　考特尼（Courtney）可能只将阿加莎（Agatha）的少量atDNA遗传给了德里克（Derek）

图M　尽管atDNA可以通过多种方式传递，但以上并非其中一种。考特尼（Courtney）无法传递阿加莎（Agatha）没有的atDNA。唯一发生这种情况的方式是，德里克（Derek）的父亲也和阿加莎有某种关系

图N 凯蒂·库珀（Kitty Cooper）的染色体映射器（Chromosome Mapper）工具可以阐明一个人是如何从祖先那里继承atDNA信息，例如上面的代码显示了孙子从每个祖父母那里获得的atDNA部分

父（浅蓝色）相匹配。根据该图，每个父系或母系染色体发生了0 ~ 4个重组事件。例如，在7号染色体上，孙子继承得到祖母染色体的完整拷贝，这意味着他与祖父在该特定染色体上不共享任何DNA。

两棵家族树

如第1章所述，家谱学家在进行基因研究时实际上必须考虑两棵不同的家族树。第一棵是家谱树，包括历史上的每个父母、祖父母和曾祖父母。这是家谱学家花时间研究的家谱树，经常使用纸质记录（如出生和死亡证明，人口普查记录和报纸）来填充祖先和有关祖先的信息。第二棵是遗传树，是家谱树的子集，其中仅包含对测试者DNA做出贡献的祖先。并非家谱树中的每个人都将其DNA序列的一部分贡献给了测试者基因组。实际上，遗传树只能保证包含两个亲生父母、四个亲生祖父母以及八个亲生曾祖父母，但是对于每一代人来说，不太可能每个人都贡献DNA给测试者。

两棵家族树之间的差异导致在跟踪DNA遗传时需要考虑以下事实，包括：兄弟姐妹具有不同的遗传树。除了同卵双胞胎外，兄弟姐妹只共享约50%的DNA（同父异母共享约25%的DNA）。因此，兄弟姐妹有许多共同的祖先，但是其中一个兄弟姐妹的DNA揭示了许多遥远的祖先信息，而另一个兄弟姐妹的DNA却没有揭示祖先的信息。虽然所有的兄弟姐妹具有相同的家族树，但他们具有不同的遗传树。

家谱表亲并不总是遗传相关。一代表亲之间有着很强的家谱和遗传关联。他们都是共同祖父母的后代，并且都从共同祖父母那里继承了一些相同的DNA。但是，五代表亲共享DNA的可能性要小得多，因为它们中的一个或两个可能没有从共享祖先那里继承DNA。确实，五代表亲从共同祖先那里共享一个共同的DNA片段的可能性为10%～30%。

种族几乎是无法预测的。atDNA测试最流行的用途之一是估算一个人的种族遗产（也称为"种族"或"生物地理学估算"）。第9章专门介绍这种用法。但是，由于一个人并不拥有其祖先的全部DNA，因此也不一定代表其祖先的整个种族。

测试如何进行

23andMe、AncestryDNA、Family Tree DNA、Living DNA和MyHeritage DNA当前提供的atDNA测试是SNP测试，这意味着它们采样了遍及22个常染色体的数十万个SNP，即可变核苷酸A、T、C和G。尽管测序一个人的所有DNA（称为全基因组测序）很快就会像SNP测试一样便宜，但是较高的价格使这些公司无法将其商业化销售。将来，遗传谱系学家可能会购买全基因组测序而不是SNP测试。

当测试公司从测试人员那里接收唾液样品时，它会提取DNA并复制很多拷贝。然后，该公司使用测试者的DNA进行扩增，以测试测试者DNA中70万个或更多位置的每个核苷酸值。测试结果通常如下所示：

rsID	染色体	位置	结果
rs3094315	1	752566	AA
rs12124819	1	776546	AG
rs11240777	1	798959	AG

表格的每一行代表测试者基因组中某处的SNP。"rsID"代表参考SNP集群ID，并且是SNP的通用参考。"染色体"列和"位置"列揭示了在基因组中发现结果的位置。"结果"列是该位置母系和父系染色体的值。但是，如果没有更多信息，就无法确定哪个结果是父系染色体，哪个结果是母系染色体。例如，对于rs12124819，仅凭这个数据是不可能知道是否是妈妈给了A，爸爸给了G，反之亦然。此外，由于字母没有顺序，结果可以在行之间来回切换。例如，妈妈可能为rs12124819提供了A，为rs11240777提供了G。

正如我们将在本章中看到的那样，atDNA测试的结果可以有几个重要用途。例如，结果最常用于寻找遗传亲戚，即与测试者共享DNA片段的人。

使用atDNA：寻找遗传表亲

除了使用DNA打破家谱研究壁垒外，研究人员还经常使用DNA帮助测试者寻找表亲。尽管许多测试公司为您完成了繁重的工作，但在寻找和确认遗传表亲时，仍然需要考虑许多因素。在本节中，我们将讨论一些会影响两个人是否是基因表亲的因素，并帮助您分析每个测试公司提供的DNA表亲结果。

最小片段长度

每个测试公司都选择了一个最小片段长度阈值，在将测试数据库中的两个人标记为共享DNA之前，必须满足这个最小片段长度阈值，而该阈值对于理解结果至关重要。如果阈值设置得太低，测试公司识别出的一些人将是假阳性，这意味着两个测试者实际上并没有亲戚关系，或者有一个生活在数千年以前的共同祖先。如果阈值设置得太高，则可能存在假阴性，这意味着与测试者需要共享足够的DNA片段而识别为真正的遗传亲戚，但也排除了很多与测试者共享DNA的人员。

理想情况下，测试公司只希望识别300～400年内的共同祖先（可以称为"谱系相关的时间范围"），而排除超过500年以前的共同祖先。虽然最小片段阈值有助于实现这个目标，但这个方式并不完美。

23and Me

在23andMe，如果两个个体共享至少7厘摩（cM）和700个单核苷酸多态性（SNPs）的片段，则被视为遗传匹配。如果这些片段共享至少5 cM和700个SNP，则超过最初7 cM片段之外的片段被鉴定为两个个体的共享片段。因此，如果两个人在23andMe的测试结果显示出他们共享一个6.5 cM和750个SNP的单个片段，则不会将他们视为遗传匹配，因为两个人都没有共享至少7 cM的片段。

对于23andMe公司测试的X染色体，根据两个测试者的性别，存在不同的阈值：

· 男性vs男性：1 cM和200个SNP

· 女性vs男性：6 cM和600个SNP

· 女性vs女性：6 cM和1 200个SNP

值得注意的是，23andMe的每个测试者都有大约2 000个遗传表亲的固定上限。2 000个的上限表示，对于许多测试者，有效匹配项可能不包括在遗传表亲列表中。

AncestryDNA

在AncestryDNA进行测试，如果两个人共享至少6 cM的片段，则将识别为遗传匹配。这是一个相对较低的阈值，并且这个阈值增加了远距离匹配假阳性的可能性（表示他们之间没有亲戚关系，并且可能不会共享任何祖先）。

Family Tree DNA

Family Tree DNA在2016年初更新了其匹配阈值。更新之后，如果两个个体共享至少一个9 cM或更多的片段，则无论共享cM的总数如何，都将识别为遗传匹配。因此，如果它们仅共享一个9 cM片段，则它们显示为匹配项。如果没有共享至少9 cM的片段，但是如果这两个个体共享至少7.69 cM的片段和总共20 cM的片段，则将被识别为遗传匹配。因此，如果两个人仅共享一个8 cM的片段，那么他们不是匹配项。但是，如果他们共享一个8 cM的片段和总共20 cM的片段，那么将被识别为遗传匹配。Family Tree DNA还具有专有的匹配算法，可用于具有德系犹太人血统的人，因为这些匹配项中存在同族婚姻的现象。

对于在Family Tree DNA上进行X染色体（X-DNA）的测试，标准有两个：

个体必须已经达到atDNA阈值，并且他们必须共享至少1 cM和500个SNP的片段。在进行X-DNA比较之前，需要有一个共享的atDNA片段，以防止出现假阴性的现象。共享X-DNA但不共享atDNA的个人将不会被识别为遗传表亲。此外，X-DNA匹配的阈值较低，为1 cM和500个SNP，这意味着可能出现假阳性现象——在谱系相关的时间范围内，与测试者识别为共享X-DNA的个人，可能并没有共享。

Living DNA

Living DNA在2018年末启动了基因表亲配对，称为Family Networks。Family Networks是在Living DNA数据库中收集测试者的基因匹配信息。可以将遗传匹配视为"列表或预测关系的连接网络，从而提供更直观的结果"。Living DNA的表亲匹配阈值不同于其他测试公司使用的基于大小方法。该公司以3.5 cM的极低阈值开始，然后使用概率模型分析一对测试者的匹配片段数据并计算他们之间给定关系的可能性。试图最小化错误匹配的可能性。由于Living DNA在本书出版时仍在完善表亲匹配，因此请务必访问Living DNA网站，以获取有关遗传匹配过程和最低阈值的最新信息。

MyHeritage

MyHeritage要求至少有一个8 cM的片段，才能将两个人识别为遗传匹配。一旦找到一个8 cM片段，就可以识别出至少6 cM的其他片段。因此，如果遗传表亲共享一个9 cM片段，他们也可以看到共享的任何6 cM和7 cM片段。

尽管已设置了这些匹配阈值，根据共享的DNA片段，以最大程度地提高识别遗传表亲的可能性，但重要的是要记住，每个"匹配列表"都会有假阳性的个体。因此，集中于那些共享最多DNA的个体通常是最佳的策略。共享片段越长，两个人共享的片段越多，两个人共享最近的共同祖先的可能性就越大。

共享DNA的可能性

如前所述，实际上只有一小部分的家谱表亲与自己共享DNA。经过七到九代之后，祖先夫妇的DNA并不能被所有后代继承。此外，即使是经过一代，同样的DNA也不会被所有后代继承。换句话说，一个曾曾孙子可能继承了曾曾祖父8号染色体上的唯一DNA，而曾曾孙女是唯一继承了曾曾祖父3号染色体上的DNA片段。尽管这两个人都是表亲，并且都有共同祖先的DNA，但他们没有共同的DNA片段。使用第1章和本章较早部分的术语来说：他们是家谱表亲，而不是遗传表亲。

家谱表亲共享DNA的可能性有多大？对于近亲来说，可能性很高，但可能性

与兄弟姐妹共享DNA

您可能会认为比较兄弟姐妹之间的DNA会很简单，但是（就像遗传谱系中的许多主题一样）答案是会更加复杂。

兄弟姐妹共享多少DNA在遗传谱系学中会引起重要区别。共享DNA的个人可以是半完全相同或完全相同的。半相同区域（HIR）是基因组的一部分，两个人仅在两个染色体之一上共享一个DNA片段。请记住，每个人的每个染色体都有两个拷贝，并且可以在其中一个拷贝上与其他人共享DNA，或者在少数情况下，在这两个拷贝上与其他人共享DNA。因此，完全相同区域（FIR）是两个人在两个染色体的两个

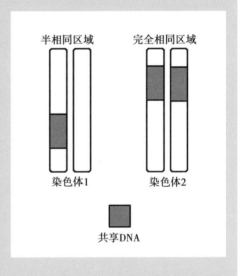

拷贝上共享DNA片段的区域。该图演示了一个人的HIR与FIR共享段，其中蓝色段是该测试人员与另一个测试人员共享的DNA。

兄弟姐妹共享的DNA的一半来自HIR（1 700 cM），共享的另一半来自FIR（850 cM，总计1 700 cM）。HIR加FIR等于3 400 cM。但是，23andMe和Family Tree DNA仅在FIR上报告了一半的DNA。因此，这些公司将只报告了兄弟姐妹共享的DNA实际数量的大约75%（或换句话说，只有50%的75%，或3 400 cM的75%）。

总而言之，兄弟姐妹之间50%的DNA（1 700 cM）中有一半相同，而另外25%（850 cM）的DNA完全相同。

也会迅速降低。这三家公司都提供了这些概率的估计值或计算值：

	23andMe	AncestryDNA	Family Tree DNA
比二代表亲更近	~100%	100%	>99%
二代表亲	>99%	100%	>99%
三代表亲	~90%	98%	>90%
四代表亲	~45%	71%	>50%
五代表亲	~15%	32%	>10%
六代表亲	<5%	11%	<5%

　　根据这些估计值，几乎可以保证二代表亲或更近的亲戚共享的DNA能达到可检测量。确实，我从未听说过二代表亲之间不共享DNA的案例。这意味着，如果二代表亲接受了atDNA测试，但他们不共享DNA，则几乎可以肯定是由于错误的父母事件。有关更多信息，请参见我的文章《遗传谱系中是否有绝对方法？》。

DNA共享量

　　两个人共享的DNA量也可以帮助确定两个人之间的家谱关系，尽管这并不是一个完美的预测指标。例如，如果两个测试者共享1 500 cM DNA，则他们的关系很可能是祖孙、姑侄、叔侄或同父异母的关系。但是，如果两个测试者共享75 cM DNA，则不清楚该匹配项是三代表亲、二代表亲还是更复杂的关系（如双亲）。当关系是三代表亲或更近的关系时，关系预测效果通常最好。

　　下表摘自ISOGG Wiki页面《常染色体DNA统计》，为已确定关系的人们提供了共享的DNA预期数量：

共享cM项目

共享cM项目是2015年启动的数据协作项目，旨在收集与已知谱系关系的三代表亲的共享DNA数据。尽管当时可用的表（在本章中进行了复制）显示了这些关系可以有多少预期共享的DNA，但是对于这些关系实际观察到多少共享的DNA却没有很好的信息来源。因此，该项目要求家谱学家提交有关其家谱关系的数据，包括他们与表亲共有的DNA总数以及与表亲共享的最大片段。提交了6 000多个关系，并将信息整理到表格和下图中。对于每种关系，基于提交的数据提供以下信息：（1）DNA的平均共享量；（2）共享的最低量；（3）共享的最高量。

例如，那些具有1C1R（隔了一辈的一代表亲）关系的人预计将共享6.5％的DNA，即425 cM。根据提交给Shared cM Project的数据（根据表格，该数据包括606个不同的1C1R关系），隔了一辈的一代表亲平均共享439 cM DNA，其中，报告的最低数量为141 cM，报告的最高数量为851 cM。

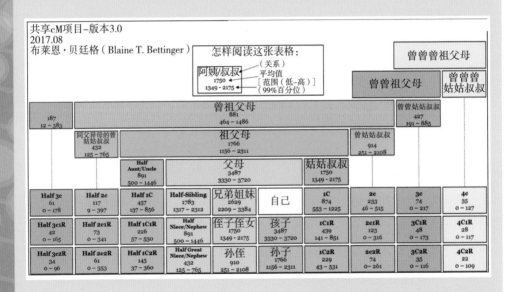

比例	共享cM	关系
50%	3 400.00	父母/孩子
50%	2 550.00	兄弟姐妹（请参阅与兄弟姐妹共享DNA边栏）
25%	1 700.00	祖父、祖母、姑姑/叔叔/侄女/侄子，同父异母的兄弟姐妹
12.5%	850.00	曾祖父母，一代表亲，曾伯父/姑姑，同父异母的伯父/姑姑
6.25%	425.00	隔了一辈的一代表亲
3.125%	212.50	二代表弟
1.563%	106.25	隔了一辈的二代表亲
0.781%	53.13	三代表亲

　　重要的是要记住，如果没有其他信息，则不能因为一行、两行或多行的家谱关系而判断两个人是否共享DNA。在下面的示例中，两个人共享三个DNA片段，总计58.2 cM，测试公司预测他们是三代表亲。

片段	染色体	起始	终止	cM
1	3	10725423	18905001	9.5
2	11	7561324	25779385	30.1
3	14	5037045	6709246	18.6

　　但是，其中一名测试者对其父母进行了测试，发现表中的片段2与测试者的母亲共享，而片段1和片段3与测试者的父亲共享。因此，通过多条不同的遗传线，测试者可能与其他人之间的遗传距离较远。但是，如果测试者没有对其父母进行测试，那么确定这种关系的确切性质将面临更大的挑战，并且很容易假设该人实际上是近期的三代表亲。

故障排除：
假阳性和小片段

由于完成了家谱DNA测试，因此并非所有的DNA片段都是相同的。一些小片段是错误的或无效的片段。并且片段越小，该片段为假的可能性越大。这意味着，尽管我们与匹配项共享一小部分，但该人实际上可能不是我们的遗传表亲！

例如，如果您对自己和父母双方都进行了测试，却发现您拥有父母没有的遥远匹配项，这应该是不可能的事。如果DNA测试是完美的，那么您将与至少一位父母共享每个匹配项。

豪尔赫·加西亚	约翰·多伊 未分相	约翰·多伊 分相	
		母亲	父亲
AT	TT	T	T
GG	GT	G	C
CG	GG	C	G
CT	AC	A	C
AT	AT	A	T
AA	AC	A	C
GC	GG	G	G
GT	AG	G	A
	匹配	不匹配	

这些缺失的匹配项大多数都是假阳性，意味着您似乎本该与匹配项共享DNA。还有一些缺失的匹配项是假阴性，这意味着您的父母应该与匹配项共享DNA，但实际上没有共享。

伪片段的形成方式

这些小的错误片段通常是在母系和父系DNA测试结果之间来回"编织"的结果。正如我们在本章前面所看到的，我们不知道结果中的哪个字母是来自母亲的，哪个字母是来自父亲的。因此，一些测试公司使用的匹配算法允许在两个字母之间来回编织以形成匹配，而不管匹配项是母系还是父系。这将创建一个伪片段。

在此图中，豪尔赫·加西亚（Jorge Garcia）和约翰·多伊（John Doe）看上去很像。如红色标记所示，豪尔赫和约翰在查看约翰的未分相DNA（即尚未从约翰的母系或父系获得的DNA标记）时共享相同的核苷酸。但是，一旦对数据进行了分相（如约翰确定了哪些核苷酸来自他的母亲，哪些核苷酸来自他的父亲），就会发现他们根本不匹配。

处理小片段和伪片段

如何避开伪片段？答案很简单：您不可能避免。一些DNA测试公司（如AncestryDNA）会在进行匹配之前将测试者的DNA进行分相处理。这个公司使用人口研究来确定测试者的DNA最有可能来自母系还是来自父系的染色体，而不是用一组父母来进行分相，尽管这种方法可以减少伪片段的出现，但是并不能完全防止伪片段的出现。

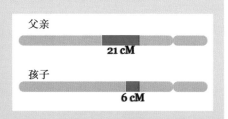

同样，也没有明确的方法将有效的小片段与错误的小片段区分开。因此，我们最好完全避免这些小片段（如小于7～10 cM的片段），而不要冒险去在结论中使用不好的DNA证据。同样重要的是，即使一个小片段是有效的，它也可能存在于许多代人中。因此，可能难以将小片段可靠地分配给特定祖先。

尽管可能存在一些有限的机制，但是大多数方法都无法从不好的片段区分好的片段。伪片段可能会发生，例如，在谱系相关的时间段内，无论两个人是否相关，进行传统的谱系研究都无济于事。同样，与经过验证的近亲共享一个小片段（或与另一测试者共享三角小片段；请参见第8章）也不可能万无一失，因为出于各种原因，每个人都可以与测试者共享伪片段。

展望未来

但是，未来小的片段还是有希望的。新的测试和方法可能能够识别哪些小片段是有效的，哪些是错误的。例如，定相可以很好地消除一些较大的错误片段，这可能有助于检查较小的片段，尤其是在匹配项双方都可以将片段定相的情况下。

此外，多代测试可以帮助研究人员更好地理解由于最新一代重组而只能"缩小"的小片段。在图中，父亲和他的孩子都与匹配项共享DNA（由红色共享部分显示）。父亲共享一个很长的21 cM片段，但是当他将其传递给孩子时发生了重组事件。结果，孩子与该匹配项仅共享一个6 cM的片段。如果我们与孩子只共享6 cM片段，则判断这是一个有效的还是错误的小片段将是一个挑战。但是，由于我们看到6 cM片段是上一代中较大的21 cM片段的一部分，因此几乎可以肯定它是有效的。

同时，负责任的家谱学家必须小心避免小片段，提防任何使用这些小片段的研究或结论，而无需根据迄今收集的科学研究专门解决已知问题。

图O　染色体浏览器，例如来自Family Tree DNA的染色体浏览器，允许测试者查看与他们匹配项共享的DNA部分。灰色表示每对染色体，有颜色的部分代表该染色体上的共享DNA，并且显示相应的匹配项［如与索菲亚·加西亚（Sophia Garcia）共享的蓝绿色片段］

染色体浏览器

Family Tree DNA和23andMe是仅有的提供染色体浏览器的测试公司，该工具可让测试者确切地看到自己与他人共享的DNA片段。染色体浏览器可以提供比共享cM和SNPs信息更多的细节。但是，每个公司的染色体浏览器看起来都不同，并且其方式使用略有不同。

对于每个染色体浏览器，必须注意一个重要限制：它们不能将母系和父系分开，因此每个匹配项（不管是母系还是父系）都显示在单个染色体上。例如，图O显示了Family Tree DNA染色体浏览器中的前三个染色体，并将测试者与三个遗传匹配项［索菲亚·加西亚（Sophia Garcia）为蓝绿色，约翰·雅各布森（John Jacobsen）为红色，简·多伊（Jane Doe）为蓝色］进行比较。浏览器中的每个"染色体"显示了染色体的两个拷贝：母系拷贝和父系拷贝。这意味着根据染色体浏览器并不能确认匹配项是母系还是父系。此外，即使两个匹配项在同一染色体上的同一位置对齐，也不能立即确认这个匹配重叠是发生在染色体的相同拷贝上或两个不同的拷贝上。

Family Tree DNA

在Family Tree DNA中，测试者可以使用染色体浏览器工具查看预期与她共享DNA的任何个人的共享片段（显示在"Family Finder–Matches"列表中）。

图O显示了Family Tree DNA的染色体浏览器中的前三个染色体，并标识出测试者与三个不同的关系紧密的遗传表亲共享的DNA。灰色块代表每个染色体，以及1～22的所有染色体的完整图像。每个有颜色的块代表一个共享的DNA片段。请注意，这些片段在染色体浏览器中无法完美缩放，因此仅根据视觉外观评估片段的大小可能会产生误导。Family Tree DNA除了在1～22号染色体上显示共享的片段外，还在X染色体上显示共享的片段。

当测试者将鼠标或指针悬停在某个片段上时，他会看到一个弹出框，其中显示了染色体编号、起始位置（如位置53624479）、终止位置（如图中的位置96298324），以及该片段的总大小。

有关共享DNA的所有信息，包括染色体数以及每个片段的起始和终止位置，都可以下载到电子表格中。将信息下载到电子表格中后，将显示所有共享片段的相同信息。当在Family Tree DNA进行一代表亲的筛选和比较时，部分片段的结果如下表所示：

染色体	起始位置	终止位置	cM	匹配的SNPs编号
1	165402360	190685868	22.36	5897
1	234808789	247093448	24.48	3789
2	39940529	61792229	21.54	6500
3	36495	10632877	25.72	4288
3	39812713	64231310	22.82	6100
4	140320206	177888785	39.99	7591
5	14343689	26724511	12.58	2499

23andMe

在23andMe，测试人员可以使用染色体浏览器工具查看与"共享基因组"的任何人的共享片段，这意味着两个人均已同意共享彼此的个人资料。在2016年，23andMe通过改进的用户界面，新的图形和修改的工具切换到全新的用户体验。新站点的染色体浏览器位于，在那里，用户可以选择两个人并比较他们的基因组。

图P是23andMe染色体浏览器上的前十条染色体，结果显示两个人共享两个片段。难以看清楚的阴影灰色条块表示每个染色体。每个紫色块代表一个共享的DNA片段。与Family Tree DNA的染色体浏览器一样，23andMe浏览器中显示的片段在染色体浏览器中无法完美缩放，因此仅根据视觉外观评估片段的大小可能会产生误导作用。除了显示染色体1到22的共享片段，23andMe还显示了X染色体上的共享区段。

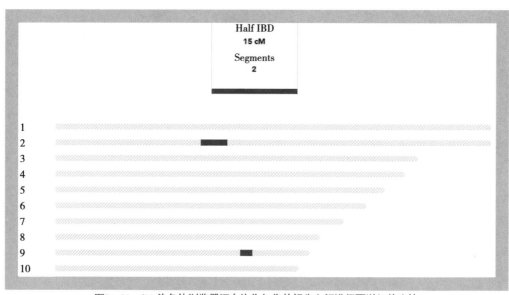

图P　23andMe染色体浏览器还允许您与您的祖先之间进行更详细的比较

如果测试者单击染色体浏览器上的一个片段，他将看到一个弹出框，其中显示了染色体编号，大概的起始和终止位置，该片段的总大小以及在其中测试的SNP数量。有关共享DNA的所有信息，包括染色体数以及每个片段的起始和终止位置，都可以在表中查看或下载到电子表格中。

MyHeritage

MyHeritage染色体浏览器允许用户一次比较多达七个遗传匹配项的片段。在图Q中，测试者的DNA与四个遗传匹配项进行比较，即艾伦（Allen M.）（橙色）、玛丽（Mary S.）（红色）、格伦（Carey L.）（黄色）和昆西（Quincy C.）（绿色）。灰色块代表染色体（每个灰色块代表染色体的母系和父系拷贝），灰色块的有色部分代表共享片段。需再次强调的是，由于浏览器中显示的片段并没有标度，因此您不应该仅仅根据外观来评估或估计片段的大小。

鼠标悬停在片段处，会弹出窗口，显示匹配项的名称、染色体数字、启动和停止位置、开始和结束SNP的名称、该片段的总大小以及所测试的SNP的数量。您可以在表中查看共享段信息，或将其下载到电子表格。

与其他染色体浏览器不同，MyHeritage浏览器还将在比较过程中显示个人共享的任何三角形片段。例如，在图R中，测试者南希（Nancy T.）（红色）和克里斯蒂（Christy P.）（黄色）在6号染色体上共享一个三角形的DNA片段，在图中用方框突出显示。这意味着测试者南希（Nancy T.）和克里斯蒂（Christy P.）都共享

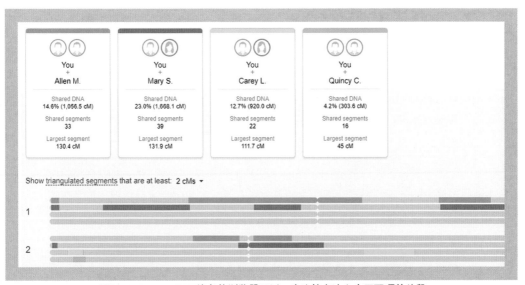

图Q　MyHeritage DNA染色体浏览器可以一次比较多达七个匹配项的片段

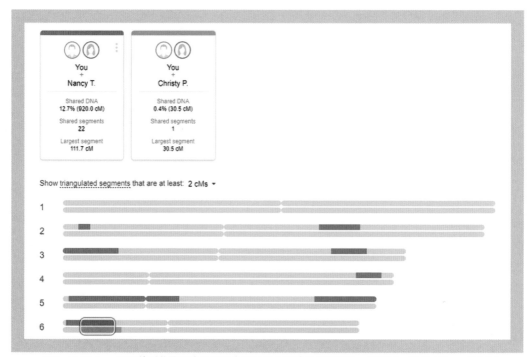

图R　MyHeritage DNA的浏览器还将显示两个匹配项共享的三角形片段。在这里，南希（Nancy T.）和克里斯蒂（Christy P.）在6号染色体上共享一个三角形片段，由方框表示

了同一DNA片段，因此共享了一个共同的祖先。鼠标悬停在方框上，将弹出有关三角形片段信息的窗口。需注意的是，如果有三个人都共享一个片段，但是添加了不共享这个片段的第四个人，那么这个工具不会在该位置显示任何三角形片段的信息（即使其中有人共享三角形片段）。

分析检测公司鉴定的遗传表亲

　　三大主要测试公司23andMe、AncestryDNA和Family Tree DNA，在分析结果时都将测试者的DNA与公司数据库中的其他所有测试者的DNA进行比较。如果两组DNA的一个片段具有相同的序列，并且该片段的长度满足前面讨论的阈值，则这些个体将被识别为遗传表亲或匹配项。

　　请注意，尽管三个公司和所有第三方工具都使用"匹配项"一词来指代两个或多个被识别为共享DNA片段的人，但"匹配项"一词并不一定意味着两个人共享一个最近的共同祖先。例如，两个或两个以上的人可能偶然或由于测序或解释错误而共享片段。

在本节中，我们将讨论如何仔细评估每个公司的"匹配项"。

23andMe

23andMe的匹配清单称为DNA亲属（DNA Relatives），按顺序列出了最可能是测试的遗传亲戚，从与测试者共享最多DNA的个体开始（图S）。

截至目前，23andMe能检索两千个DNA亲属，这意味着一个测试者只会查看到两千个最可能的匹配项，但是，23andMe也会把不愿匹配的测试者从该列表中删除。由于23andMe的数据库庞大，包含数百万人，许多测试者在23andMe可能找到近距离的匹配项，而在任何其他测试公司却无法找到。

测试者可以在DNA亲属列表中看到每一个匹配项的以下信息：显示名称、性别、个人资料图片（如果有）、共享DNA的百分比和共享DNA片段的数量（尽管不是那些片段的位置）、共同的亲戚、mtDNA 单倍群和Y–DNA 单倍群（如果匹配项是男性）。测试者进入DNA亲属配置文件，将会获得匹配项的家庭信息，包括

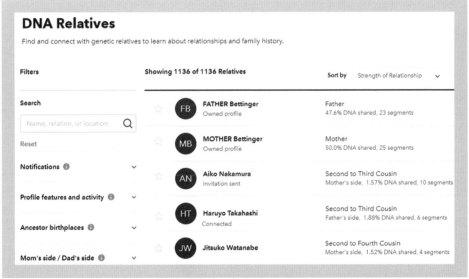

图S 23andMe上，建议的遗传亲戚名称和详细信息位于隐私屏障后面。为了查看您的匹配项信息，需要匹配项同意分享他的血统报告

在线家谱的姓氏、位置或链接。

在23andMe接受测试的测试者可以看到有关匹配项的更多信息，包括基因组中共享DNA片段的位置，以及两个不同情况下与匹配项共享的DNA片段和种族或"祖先构成"报告。在第一种情况下，匹配项参加的是23andMe的开放共享。开放共享是一个设置，即默认情况下可用的其他信息可供每个遗传匹配项使用。在第二种情况下，测试者直接要求匹配项分享信息。尚未共享或未参与开放共享的匹配项标有"邀请分享"的按钮，该按钮可以将请求发送给匹配项。如果匹配项接受请求，则测试者可以看到附加配置文件信息。

鉴于23andMe数据库的规模，大多数具有欧洲血统的人将具有大

> **研究提示**
>
> 虽然许多人有兴趣测试他们的DNA来获得种族估计，但不是每个人都愿意开放地寻找遗传表亲。因此，每个测试公司都要求测试者在DNA测试套件的激活或授权期间选择匹配选项。这种选项过程意味着只对种族结果感兴趣的测试者仍可购买这些DNA测试，而避免那些不愿意开放的用户联系您。尊重你与他人的互动，隐私是一个广泛的范围，我们只能做到这一步。有些人是有隐私意识的，而其他人则没有关注隐私，但隐私范围是没有对错的。注意：公司还允许用户更改他们的想法并随后选择匹配选项，或随时选择退出。谁知道呢？最初决定不参与匹配的可能后来会改变主意并选择进行匹配！

量的遗传匹配项（大部分来自美国、加拿大、澳大利亚和新西兰等殖民地）。最近，越来越多的人也在爱尔兰和英国进行测试。但是，由于亚洲和非洲尚未进行广泛的基因测试，因此大多数具有亚洲和非洲血统的人的遗传亲戚可能较少。

AncestryDNA

AncestryDNA上的"匹配列表"称为DNA匹配（DNA Matches），没有特定上限。遗传亲戚是按顺序列出的，从与测试者共享最多DNA的个体开始。在图T中的示例中，测试者最接近的匹配项是一代表亲。

在DNA匹配的主页上，您将看到每个匹配项的相关信息，包括用户名、配置文件图片（如果有一个）、可能的关系范围、匹配置信级别、最后一次登录和有关个人是否具有家谱的信息及与他账户相关联的信息。

图T Ancestry DNA的"建议的匹配项"页面链接直接链接到个人的家谱，使您可以比较和评估潜在匹配项的家族历史，来确定您们是否确实有亲戚关系。为了保护隐私，已经模糊了匹配项名称

单击用户名将显示用户的配置文件以及其他信息。例如，图U显示遗传匹配的配置文件页面。预计测试者是四代表亲，在四到六代表亲的范围内。点击置信水平旁边的灰色圆圈"I"，会出现一个弹出窗口，显示两个人共享的DNA，以及两人共享的片段。测试者与这个匹配项横跨4个片段共享45 cM DNA。

如果测试者有与DNA测试结果相关的公共家谱，那么AncestryDNA会将其与遗传匹配项的家谱进行比较，用来寻找共同的祖先。如果在两个家谱中识别出潜在的相似的共同祖先，则遗传亲戚将具有"摇晃的叶子提示"。摇晃的叶子提示很少见，通常在更大、更完整的家谱中更为成功。共享提示应被视为提示，而不是作为关系的证明或证据。两个人共享DNA并共享一个共同祖先并不一定意味着共享的DNA一定来自那个共同的祖先！

您还可以通过单击"Map and Location"选项卡查看与匹配项共享的位置，并通过单击"Shared Matches"选项卡，查看匹配内容以及与匹配项的共同点。我们稍后将演示"Shared Matches"。

与23andMe一样，具有欧洲血统的测试者将在列表中找到大量的遗传匹配

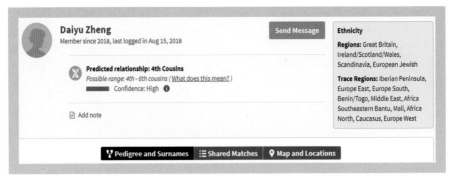

图U 当您查看个人的AncestryDNA匹配项时，您可以看到与该匹配项的预测关系，以及来自匹配项种族估计的地区。您还可以添加有关匹配项的注释，或查看匹配内容，以及匹配项之间的共同点

项。但是，AncestryDNA开始在加拿大、澳大利亚和英国（将会有更多国家或地区）等国家或地区积极投放广告，因此，越来越多来自世界其它地区的人将会出现在数据库中。

Family Tree DNA

Family Tree DNA的"匹配列表"（Family Finder‐Matches）与AncestryDNA一样，没有特定的上限。遗传亲戚是按顺序列出的，从与测试者共享最多DNA的个体开始。在图V中，测试者最接近的匹配项是她的两个孙子。

Family Tree DNA提供了有关每个遗传亲戚的大量信息，尤其是当遗传亲戚向成员资料中添加了某些事实或家谱。在图W中，遗传亲戚被预测为二至四代表亲，并且两人总共共享69 cM的DNA片段，其中最长的片段为41 cM。用户的个人资料中将显示一些姓氏（如果与其他测试者的个人资料中列出的姓氏相匹配，则用粗体显示），悬停在此即可快速查看。此外，该用户还进行了Y‐DNA测试，他的Y‐DNA单倍群是R‐M269（他的末端SNP）。

在匹配列表中点击某个遗传亲戚的用户名，将弹出一个对话框，里面提供了更多信息（如果用户已填写这些信息），包括Y‐DNA和mtDNA单倍群、最遥远的已知父系和母系祖先和电子邮件地址（最重要的是沟通和协作），以便您和匹配项取得联系。

Family Tree DNA的数据库主要包含来自美国、加拿大、英国和澳大利亚的测

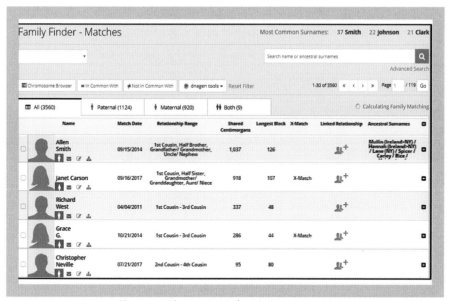

图V　Family Tree DNA的"匹配列表"可以让您查看遗传匹配项，即与您共享最多DNA的用户。为了保护隐私，已经模糊了匹配项名称

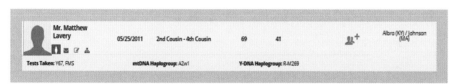

图W　Family Tree DNA提供有关匹配项的特定信息，包括DNA共享的cM数、个人档案中的姓（如果与您相匹配，则用粗体显示）和Y-DNA单倍体（对于男性用户）。这次匹配项的名字出于保密目的而被模糊化

试者，与其他两家公司一样，也包含了来自世界其他地区的测试者。

LIVING DNA

　　LIVING DNA的匹配列表被称为家庭网络。遗传亲属按顺序列出，从与测试者共享最多DNA的个体开始。在图X中，最可能是测试者的匹配项是他的母亲、他的父亲和一代表亲。

　　在主要匹配项页面上（图X），测试者可观察每个匹配项的有关信息，包括用户名（通常是测试者的真实姓名）、预测关系（如父子、兄弟，一代表亲，二代表亲等）以及共享DNA的百分比和cM。

单击视图配置文件来获取匹配项，即进入匹配项的详细信息页面，其中包含有关匹配的其他信息。"Map"选项卡显示匹配项的种族；"Chromosome Viewer"选项卡显示与匹配项共享的DNA片段；"Messages"选项卡可以实现与匹配项的通信。该页面还列出了与匹配项和测试者共享的其他任何匹配项。

Living DNA主要在英国和爱尔兰推广，并积极在美国、欧洲大陆和世界各地的其他地区收集测试者。

MyHeritage

MyHeritage的匹配列表称为DNA匹配（DNA Matches）。遗传匹配数量没有上限，这些匹配项按最近的亲戚（共享最多的DNA）到最遥远的亲戚（共享最少的DNA）排列。在图Y的示例中，与测试者最近的匹配项是侄女。

在主要匹配页面上，测试者将看到有关每个匹配项的大量信息，如图X所示。这包括用户名（通常是测试者的真实名称）、近似年龄（30岁、40岁等）、一个国家地点、估计的关系、共享DNA的百分比和cM、共享的片段数量、最大片段的大小，以及匹配项是否在MyHeritage上有家族树。

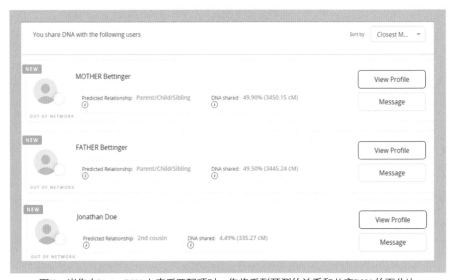

图X 当您在Living DNA上查看匹配项时，您将看到预测的关系和共享DNA的百分比

点击匹配项，将进入"Review DNA Match"页面，显示了很多与主要匹配页面相同的信息，但是添加了一个共享匹配项列表（如果有的话），匹配的种族估计和染色体浏览器，并显示了测试者和匹配项共享的每个片段的位置。可以通过单击染色体浏览器上方的高级选项来下载共享片段信息。

虽然缺乏（就像其他公司一样）来自非洲、南美洲和亚洲等地区的测试者，但MyHeritage仍然拥有各种各样的测试者数据库。然而，MyHeritage在欧洲的影响力强大，并拥有来自欧洲大陆的一些测试者。

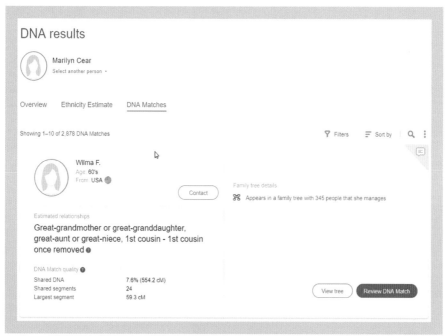

图Y　MyHeritage的"DNA Matches"页面包含每个匹配项的大量详细信息：估计关系，DNA最大
共享片段的长度等

使用atDNA："Shared Match Tools"工具

每个测试公司最重要的工具之一是"Shared Match Tools"工具，也称之为In Common With（ICW）工具。使用"Shared Match Tools"工具，测试者可以查看匹配列表中的遗传亲戚。

23andMe: 共同亲戚

23andMe的共享匹配工具称为共同亲戚（Relatives in Common），并且可用于各个遗传匹配页面上（即使它们不是开放式共享者或不与测试者共享其他信息）。23andMe的"Relatives in Common"工具也可以揭示三个人（测试者、匹配项和共享匹配项）是否共享一个DNA片段，在匹配项愿意公开分享或已同意分享信息的情况下。在"Relatives in Common"工具的最右边是"Shared DNA"栏。如果测试者公开分享或已同意分享信息（三个人都共享一个或多个DNA片段），则该栏将出现一个"是"。如果匹配项不愿意公开分享或不同意分享遗传信息，则该列将显示"分享"，通过点击，可以让测试者向共享匹配项发出共享祖先报告的邀请。

AncestryDNA：共享匹配

AncestryDNA的共享匹配工具称为共享匹配（Shared Matches），可通过遗传亲戚档案中的"Shared Matches"选项卡进行访问。查看个人资料时，单击"Shared Matches"选项卡将出现与测试者共享的匹配项列表（如果有）。这个共享匹配项列表能提供有关匹配项与测试者共享信息的有力线索。

但是，AncestryDNA上的共享匹配有一个重要限制：尽管您可以通过ANY匹配工具查看共享匹配项，甚至包括最后一个匹配项，但只有当共享匹配项估计为四代表亲或更近的表亲时，您才会看到共享匹配列表中的人。换句话说，要显示"共享匹配项"，该"共享匹配项"必须是四代表亲，或者与测试者更近的遗传亲戚。

让我们举个例子，假设接受测试的布雷克（Blake）有一位名叫艾米（Amy）的姑姑，曾在AncestryDNA处接受过测试。布雷克在匹配列表中看到了艾米，因此他点击了查看匹配按钮来查看艾米的个人资料，并单击"共享匹配"按钮来查看他与艾米共享的DNA。他获得了一个列表，其中包括已确定的三代遗传表亲克里斯（Chris）。为了使克里斯出现在该列表中，他必须满足两个条件：克里斯必须是四代表亲或与布雷克有更近的亲戚关系，或者必须是四代表亲或与艾米有更近的亲戚关系。如果克里斯是艾米的一个远距离的表亲，即使他与艾米和布莱克共享匹配项，他也不会出现在共享匹配项列表中。

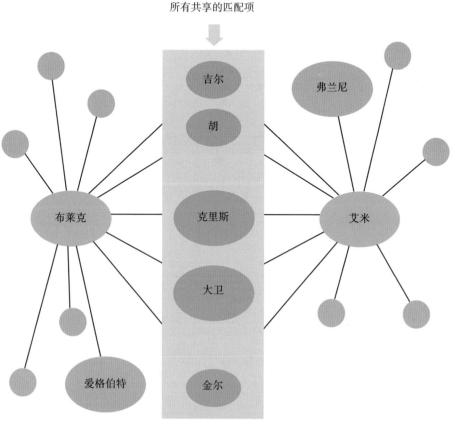

图Z 共享匹配项的导航网络可能很复杂。创建这样的图表可以帮助您弄清您和祖先在
AncestryDNA中有哪些共同点（或没有共同点）

在与示例相同的图Z中，布雷克（Blake）和艾米（Amy）都有匹配项数组。
其中一些匹配项是共享的，如图Z所示，为灰色突出显示的区域。其中，只有克
里斯（Chris）和大卫（David）是四代表亲，或与布雷克（Blake）和艾米（Amy）
更近的亲戚，因此只有克里斯（Chris）和大卫（David）会出现在"共享匹配"
列表中。虽然布雷克和艾米（根据其他家谱证据）有共同的匹配项吉尔（Gil），
胡（Hu）和金尔（Jill），但他们之间的距离较远，因此不会出现在"共享匹
配"列表中。此外，由于弗兰尼（Franny）和埃格伯特（Egbert）不是布雷克
（Blake）和艾米（Amy）的共同匹配项，因此"共享匹配"列表不会出现弗兰尼
（Franny）和埃格伯特（Egbert）这样的近亲。

Family Tree DNA：ICW和矩阵工具

Family Tree DNA提供了两种ICW工具。第一个是"Common Matches"工具，可以单击 Family Finder 匹配项列表中的匹配项用户名旁边的框，然后通过单击匹配列表顶部的 In Common With 来访问。通过这个工具，可以得到所有与测试者共享DNA同时单击了双箭头的遗传匹配项。与AncestryDNA不同，Family Tree DNA对遗传关系的预测没有限制，因此，与两个比较的个体具有相同之处的所有匹配项都将出现在此列表中。例如，如果母女俩进行了测试，并进行了ICW比较，则女儿的整个遗传匹配清单中很大一部分与母亲相同。

Family Tree DNA上的第二个ICW工具称为Matrix工具（图W）。单击Family Tree DNA仪表板中的"Matrix"可访问"Matrix"工具。Matrix工具允许测试者选择最多十个已识别的遗传亲戚，并在网格或矩阵中比较他们的atDNA共享状态。

在以下示例中，测试者约翰（John）已将9个人添加到Matrix工具中。工具通过将个人进行分组，揭示出三种不同的模式。首先，阿特（Art）、鲍勃 （Bob）和卡里 （Cary）出现在集群中，这意味着接受测试的约翰与阿特，鲍勃和卡里遗传匹配，而这些人都被确定为彼此的遗传匹配项。此外，您可以看到第二组，迪克（Dick）—埃德加（Edgar）—范妮（Fanny）—盖伊 （Guy）组，但是这些个体并不与阿特（Art）、鲍勃 （Bob）和卡里 （Cary）匹配。第三组，希尔达（Hilda）和艾达（Ida）与约翰、阿特、鲍勃、卡里、迪克、埃德加、范妮和盖伊均共享DNA。在此示例中，希尔达和艾达是约翰的孩子，因此他们的匹配列表中互相有彼此，这并不足为奇。

请注意，这并不意味着矩阵中的所有个人都共享一个共同的祖先，因为在某些情况下，测试者只与其中某个人共享共同的祖先。例如，如果约翰（John）和阿特（Art）共享一个共同的祖先，而约翰（John）和鲍勃（Bob）和卡里（Cary）共享另一个不同的祖先，那么阿特（Art）可能碰巧又与鲍勃（Bob）和卡里（Cary）共享了一个与约翰（John）无关的祖先。但是，如果矩阵组中的成员共享一个共同的祖先这一假设是合理的，那么可以进一步检验和检验这个假设。

Living DNA：共享匹配项

Living DNA在每个遗传亲戚的个体匹配页面中显示共享的匹配项。只需单击单个匹配项，然后向下滚动页面即可查看共享匹配项列表。

MyHeritage：共享匹配项

MyHeritage的共享匹配工具称为共享DNA匹配项（Shared DNA Matches），可在每个匹配项的单独匹配页面中找到。MyHeritage共享匹配工具的好处之一是能够查看共享匹配项与遗传表亲共享的DNA量，这可以帮助您识别两者之间的关系。

共享匹配工具还会报告一个三角形组（如果有的话），在共享匹配的最右边带有一个小图标。三角形组是由测试者，遗传表亲和共享匹配项形成的，前提是三个人都共享至少一个DNA片段。如本章前面所述，MyHeritage染色体浏览器能够显示由三个或更多个体共享的三角形片段。因此，单击该图标将进入染色体浏览器，显示DNA共享片段。三角形片段将在片段中以方框标示。

共享匹配工具的局限性

人们不一定只因为一个祖先出现在ICW工具中就表示共享一个共同的祖先。在以下示例（图Y）中，测试者乔治 （George）在AncestryDNA或Family Tree DNA进行了ICW分析，以确定已鉴定的遗传匹配项。乔治发现他和托马斯（Thomas）有共同匹配项，那就是茱蒂（Judy）。乔治很兴奋并因此得出结论，即他们三个都拥有相同的共同祖先。但是，乔治得出的结论并不准确。

实际上，乔治（George）和托马斯（Thomas）共享共同祖先1，而乔治和茱蒂（Judy）共享共同祖先2。但是，仅凭ICW工具无法确定托马斯和茱蒂是否共享共同祖先1和共同祖先2，或者是一个完全不同的共同祖先3。请注意，乔治并不与茱蒂或托马斯共享共同祖先3，此时需要更多的信息来确认乔治的假设。例如，如果三个测试者都共享相同的DNA片段，那么这可能是乔治得出的结论的有力证据。另外，乔治可以比较三个人的家谱树，从中他可以进一步了解上述情况。

共享匹配工具为遗传匹配项的共同祖先提供了非常有力的线索，但是必须谨慎使用这些线索来形成假设，并可以进一步用其他证据来检验。

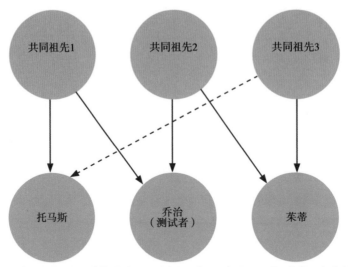

共享的匹配项可能具有欺骗性，可以认为三个人互相是匹配项。但是，如本例所示，并非三个人必须共享相同的共同祖先

atDNA检测的其他用途

系谱学家将atDNA测试的结果主要用于两个目的：表亲匹配（我们已经详细讨论过）和种族分析。测试公司提供的种族估计试图将测试者的DNA分解为大陆或区域来源。尽管这些估计值效果差，但可以用于家谱研究，特别是当研究的问题涉及不同种族的新祖先时。例如，通过测试公司找到识别为"非洲人"DNA的众多片段，可以支持近期有非洲血统的祖先的假设。我们将在第9章中详细讨论种族估计。

除了表亲匹配和种族分析之外，atDNA测试的结果还有其他用途。例如，家谱学家使用表亲匹配和家族树来"映射"或将其DNA片段分配给祖先。如果测试者亚伦（Aaron）和布伦达（Brenda）知道他们共享7号染色体上的一个片段，并将该片段追溯到其曾祖父马歇尔（Marshall），则他们可以合理地假设7号染色体上的片段来自其曾祖父。因此，当未来的遗传匹配项与他们共享这个片段时，此时便知道要通过审查曾祖父这条遗传线，以便找到共同的祖先。

家谱学家开始使用atDNA重现祖先的基因组部分。为此，他们对一个祖先的多个后代进行了测试，这些后代不太可能通过该祖先以外的其他途径获得祖先的基因。因此，通过这些后代共有的DNA片段来预测共同祖先，并拼凑在一起来重建祖先基因组的各个部分。随着对越来越多的后代进行测试，越来越多的祖先DNA将被识别。

一些家谱学家还使用atDNA测试结果来了解健康状况和对某些疾病或状况的倾向。尽管人们对DNA与健康之间的联系仍然知之甚少，并且据了解，DNA在大多数健康状况中所起的作用比以前预测的要小，但出于健康目的，可以对检测者的DNA进行分析。例如，atDNA测试作为23andMe公司测试的一部分，可以向测试者提供健康信息。此外，还有第三方工具可以分析测试者的原始DNA数据，并提供某些健康状况的倾向性报告。

这些只是atDNA强大功能的一小部分，随着更多人参加atDNA测试以及测试公司和独立程序员不断开发新工具，atDNA的作用将会更多。

核心概念：常染色体DNA（atDNA）检测

❋ 常染色体DNA（atDNA）是指细胞核中的二十二对染色体。一个孩子从父亲那里继承了atDNA的50%，从母亲那里继承了atDNA的50%

❋ atDNA测试是通过分析整个22对染色体上的数十万个SNP来完成的

❋ atDNA测试结果用于估算遗传表亲，方法是估算两个匹配项共享同一祖先经过了多少代。关系越近，估计效果就越好

❋ 并非所有家谱表亲都共享DNA。二代表亲或更亲近的亲戚之间总是被预期共享DNA。如果关系比二代表亲更远，则共享DNA的可能性便迅速降低

DNA的作用

是什么关系?

25岁的家谱学家艾伦（Allen）已经在三家测试公司进行了atDNA测试。他定期登录自己的账户检查是否有新的匹配项，当他登录到Family Tree DNA时，他发现一个用户名"NYgreen3"的新匹配项。这个匹配项与艾伦（Allen）共享1 025 cM的DNA，预计是"一代表亲、同父异母的兄弟姐妹、祖孙、姑侄、叔侄"。艾伦无法识别这个用户的真实身份或得到与该账户相关联的电子邮件地址，而且也没有其他信息提供。共享匹配项的一些特征显示NYgreen3与艾伦的母系亲戚匹配，特别是与外祖母遗传线上的亲戚。

为了弄清"NYgreen3"与他之间的关系，艾伦转到ISOGG Wiki的"常染色体DNA统计"页面，该页面提供了一张表格，预测了具有特定家谱关系的人之间共享的DNA量。该表的相关行如下所示：

比例	共享cM	关系
25%	1 700	祖父母，叔叔/姨妈/侄女/侄子，同父异母的兄弟姐妹
12.5%	850	曾祖父母，一代表亲，曾叔叔/姨妈/侄女/侄子，同父异母的姨妈/侄女/侄子
6.25%	425	隔了一辈的一代表亲，同父异母的一代表亲

根据此表可知，艾伦与NYgreen3共享1 025 cM的DNA，最接近12.5%的共享比例，因此被预测为曾祖父母、一代表亲、曾叔叔/姨妈/侄女/侄子、同父异母的姨妈/侄女/侄子。但是，如果没有更多的信息，艾伦（Allen）无法确定确切的关系。

艾伦与匹配项取得联系并得知NYgreen3是男性，现年75岁，是被收养的。艾伦和NYgreen3［本名约瑟夫（Joseph）］之间有五十岁的差异，这表明他们之间不是表弟，也不是同父异母的叔叔/侄子关系，也不大可能是艾伦的曾祖父，因为艾伦的外祖母怀孕时他在另一个国家。因此，这表明NYgreen3（约瑟夫）可能是艾伦的曾叔叔，即外祖母的哥哥。确实，其他研究也指出约瑟夫是在艾伦的祖母出生的城镇附近长大的，这一结果为艾伦和约瑟夫的家谱树提供新的信息，并有可能带来新的和有意义的家庭联系。

DNA的作用

她是美洲印第安人吗？

　　像美国的许多其他家庭一样，特别是具有殖民血统的家庭，康沃尔（Cornwall）家族有着美国原住民祖先的悠久口述传统。安德里亚·康沃尔（Andrea Cornwall）对家谱非常感兴趣，并向外祖父卡雷布·康沃尔（Caleb Cornwall）询问了这位美国原住民祖先。外祖父告诉她，根据家族传下来的口述，美国原住民祖先拯救了他的祖父康沃尔的生命，然后与他的外祖父结婚，在一起养育了两个孩子。

　　安德里亚（Andrea）想使用DNA测试证实或反驳这个故事。她进行了一些研究，得知她的曾曾祖母（根据家庭口述为美国原住民）阿比盖尔（Abigail）在分娩时去世，生下了卡雷布（Careb）的父亲。

　　不幸的是，由于这位祖先既不是直接的Y-DNA也不是mtDNA的祖先，因此安德里亚（Andrea）只能对外祖父卡雷布（Careb）、母亲苏珊（Susan）（卡雷布的女儿）或她自己进行atDNA测试。由于卡雷布拥有更多祖母的DNA，因此安德里亚要求他接受DNA测试。如果像家庭口述一样，阿比盖尔确实是美国原住民，那么卡雷布的DNA应该报告相当大比例的美国原住民DNA（可能多达25%，因为他的DNA中约有25%来自阿比盖尔）。

　　当测试结果从测试公司返回时，卡雷布会收到以下种族估计以及他的匹配清单：

种族	比例
非洲	0
亚洲	0
欧洲	97.5%
美洲原住民	2.5%

　　根据结果，由于卡雷布（Careb）的美国原住民血统所占的比例非常低，因此安德里亚不太可能是美国原住民。她也有可能拥有美国原住民祖先，但是要检验这种可能性，还需要进行其他测试。

DNA的作用

这是谁？

珍妮弗（Jennifer）试图确定她与AncestryDNA上所有最匹配的遗传匹配项的家谱关系。虽然有些匹配项提供了家庭树或者积极回应，但许多匹配项却没有提供或回应。因此，对于那些不使用真实姓名、不提供家庭树和不回复的匹配项，要识别和他们的关系变得颇具挑战。

在AncestryDNA上，与詹妮弗（Jennifer）最匹配的未知匹配项是一位男性，用户名为"DNAhunter14568"，与她共享125 cM的DNA。他的匹配页面或会员页面上没有家庭树或其他任何识别信息。詹妮弗通过AncestryDNA消息传递系统与他联系，但没有收到回复。

为了尽可能的知道自己与匹配项的关系，詹妮弗查看了与DNAhunter14568匹配项的共享片段，发现他们与詹妮弗的外祖伯母共享相同的片段，在外祖伯母去世前不久的夏天，詹妮弗对她进行了测试。此外，更远距离的共享匹配项是通过詹妮弗（Jennifer）的外祖父相关联，即詹妮弗（Jennifer）外祖伯母的兄弟。仅根据这些共享的匹配项信息，詹妮弗就假设DNAhunter14568通过外祖父与她产生亲戚关系。但是，这还不足以得出有关DNAhunter14568的身份或关系的结论。

然后，詹妮弗（Jennifer）使用搜索词DNAhunter14568在互联网进行搜索，尝试识别测试者。许多测试者使用他们在其他网站或工具中使用过的用户名，包括电子邮件地址。热门案例之一是在线家谱论坛，其中一个名为"DNAhunter14568"的用户在几年前发布了一个查询，是关于他的曾祖父希拉姆·切斯特菲尔德（Hiram Chesterfield），出生于纽约韦恩县。该用户以布伦丹·切斯特菲尔德（Brendan Chesterfield）的身份署名。

詹妮弗（Jennifer）的外祖父叫哈维尔·切斯特菲尔德（Xavier Chesterfield），他住在纽约韦恩县沃尔沃斯（Walworth）镇。实际上，看到这个信息会让詹妮弗想到14568是沃尔沃思镇的邮政编码。尽管詹妮弗尚未确定AncestryDNA的用户"DNAhunter14568"，但他很可能是布伦丹·切斯特菲尔德（Brendan Chesterfield），即希拉姆·切斯特菲尔德（Hiram Chesterfield）的后代，并且可能是通过哈维尔·切斯特菲尔德（Xavier Chesterfield）与詹妮弗产生亲戚关系。詹妮弗现在可以与"DNAhunter14568"联系，告诉他这些有关的家谱信息，这可能会增加他对詹妮弗的联系作出回应的可能性。

第5章

Y染色体（Y-DNA）测试

史密斯祖先是1718年生于弗吉尼亚州的约翰·史密斯（John Smith）或希拉姆·史密斯（Hiram Smith）的儿子吗？ 您的家族树中有多少人没有确定父亲，或者经过数十年的研究，您确信一定是外星人将他们扔到了地球上吗？Y染色体（Y-DNA；图A）也许可以帮助您解开其中的一些谜团。由于Y染色体在大多数西方文化中都是与姓氏一起传下来的，因此对于检查和突破父系研究的壁垒非常有用。在本章中，我们将了解Y-DNA以及如何将这种测试添加到您的家谱工具箱中。

Y染色体

Y染色体是细胞核中发现的23对染色体之一，并且是两个性染色体之一（另一个是X染色体）。女性有两个X染色体（有关X染色体的更多信息，请参见第7

Y染色体亚当

在上一章中,我们了解到,如果地球上的每个人都可以追溯其母系,那么他们将全部追溯到同一个人:一个名为"线粒体夏娃"的女人,是所有活着的人类的mtDNA祖先。同样,如果地球上的每个人都可以追溯其父系,那么他们将全部追溯到同一个人,即"Y染色体亚当"。他是(但并非所有系)所有人类父系的最新共同祖先(MRCA)。

Y染色体亚当的身份早已被人遗忘,然而我们却对他的了解不多。第一,根据现代Y染色体中发现的突变数目,我们知道他可能活在二十万至三十万年前。使用Y-DNA突变率的最新信息,计算出大约需要二十万到三十万年才能出现所有观察到的变异。第二,我们知道Y染色体亚当可能生活在非洲。第三,我们知道Y染色体亚当至少有两个儿子,每个儿子都产生了Y-DNA树的不同谱系。

与线粒体夏娃类似,"Y染色体亚当"的名字起源于《圣经》。但是,他不是当时唯一活着的人,也不是他的同时代中唯一有活着的后代的人。当时还有成千上万的男人活着并且有活着的后代,但是从那时到今天的某个时候,他们都"生出女儿",或者没有生出儿子而成为最后一代Y-DNA的。

Y染色体亚当的时期不是固定的时间点。即使在今天,以前的Y-DNA谱系正在消亡,新的Y-DNA谱系正在建立,这可以改变Y-染色体亚当的时期。此外,可能会发现新的Y-DNA谱系,从而推迟了Y-染色体亚当的时期。例如,2012年发表的一篇论文显示,在非裔美国人的测试者中发现了一个全新的根单倍体,从而推迟了Y染色体亚当的出现。这个新的根称为A00,它比原始的Y染色体亚当年龄大,因此可以识别出一个新的Y染色体亚当。随着越来越多的男性在世界范围内(尤其是在非洲)接受测试,有可能可以识别其他根单倍群,并可以及时将Y染色体亚当的时期推迟。

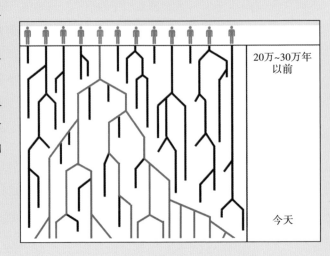

20万~30万年以前

今天

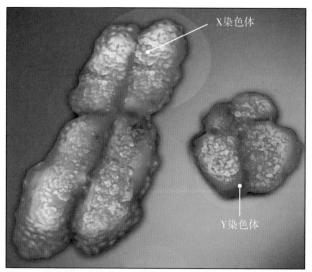

图A　Y染色体（右）比大多数其他染色体［包括X染色体（左）］要小，但它包含对家谱学家有价值的遗传信息。图片由美国国家人类基因组研究所的乔纳森·贝利（Jonathan Bailey）提供

章），而男性有一个X染色体来自母亲，另一个Y染色体来自父亲。结果，Y染色体仅在男性中发现，他们从父亲那里继承了几乎完全不变的遗传物质。

Y染色体长约5 900万个碱基对，实际上一条染色体非常短。染色体包含大约200个基因，仅占整个人类基因组中估计的2万～2.5万个基因的一小部分。

Y-DNA的独特遗传

与线粒体DNA（第4章mtDNA）相似，Y-DNA具有独特的遗传模式，因此对于遗传谱系测试非常有价值。Y染色体总是从父亲传给儿子。父亲的细胞精确复制该Y染色体，并将其通过精子传给儿子。请注意，如果一个男人只有女儿，那么他的Y染色体就不会传给下一代。

与所有其他染色体不同，Y染色体始终不成对，这意味着它在称为重组的过程中不会与另一个Y染色体交换DNA。尽管Y染色体和X染色体的尖端有时会重组，但是Y染色体的这些区域并未用于谱系研究或单倍体测定。结果，父亲拥有的Y染色体几乎总是与儿子的Y染色体相同。

图B显示了家谱中Y–DNA的遗传。约翰（John）决定测试他的Y–DNA，并查看他的家谱，看看他是从谁那里继承了那段DNA。约翰从父亲凯尔（Kyle）那里继承了Y–DNA，而父亲凯尔（Kyle）从父亲利亚姆（Liam）那里继承了同样的Y–DNA。

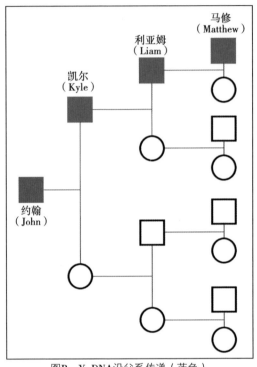

图B　Y–DNA沿父系传递（蓝色）

在每一代中，只有一个祖先携带约翰（John）的Y–DNA，并且由于独特的继承模式，约翰可以确切地知道哪个祖先，即使他可能不知道自己的姓名或身份。例如，约翰的十代有1 024位祖先，共有512名男性和512名女性。尽管这512位男性祖先中的每位都有Y染色体，但只有其中一位将其Y染色体传给了约翰。

知道了Y–DNA的遗传模式，家谱学家便能够通过家族树追溯这条DNA。假设约翰是曾祖父，并且想知道他的哪些后代携带了他的Y–DNA。图C是约翰的家谱树，其中带有蓝色标签的人携带约翰的Y–DNA。约翰只有两个孩子，他的两个儿子带有约翰的Y–DNA。在曾孙层次上，约翰的两个曾孙（3和4）也都携带着他的

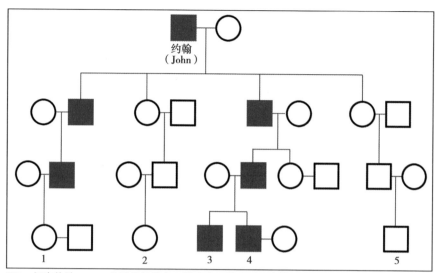

图C 拥有约翰Y–DNA的后代是蓝色。请注意，曾孙3和4有约翰的Y–DNA，但有1、2和5没有

Y–DNA。对于Y–DNA而言，其无法传递给女性。

生出女儿

男性可以接受Y–DNA测试来检查自己的Y–DNA谱系。但是，女性必须需要通过兄弟、父亲或叔叔（或其他男性亲戚）进行Y–DNA测试。追踪另一条Y–DNA的家谱学家必须找到愿意接受Y–DNA测试的活着的男性后代。但是，有时候祖先可能没有携带着他的Y–DNA的后代，即使他们的后代很多。这种情况称为Y–DNA已经"消失了"。

在图D的示例中，拉尔夫（Ralph）没有拥有其Y染色体的活着的后代。拉尔夫有一个儿子和三个女儿，而他的儿子只有一个女儿。因此，拉尔夫的Y–DNA"消失了"。

但是，仍然可能找到拥有拉尔夫（Ralph）Y–DNA的亲戚。通过追溯一代并努力确定是否存在活的Y–DNA后代，系谱学家可以找到愿意接受Y–DNA测试的活着的男性亲戚。在此示例中，拉尔夫的父亲西蒙（Simon）拥有与拉尔夫（Ralph）相同的Y–DNA，并将其传递给拉尔夫（Ralph）的兄弟，并通过一条线传递给了活着的男性后裔——卡尔（Carl）。

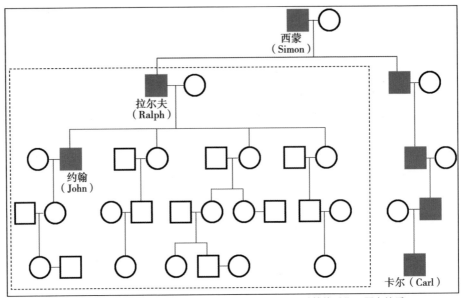

图D　在寻找拥有祖先的Y-DNA的活着的后代时，如果这些活着的后代不愿意接受Y-DNA测试，请与另一代人合作，找到可以帮助您的更远的表亲。在这里，卡尔（Carl）与约翰（John）有着相同的Y-DNA，即使他不是他的直接后代之一

　　如果西蒙（Simon）没有携带其Y-DNA的男性后代，或者没有愿意接受DNA测试的后代，则家谱学家可以再回溯。对于家谱学家而言，找到Y-DNA亲属的世代数量没有限制，尽管如此，家谱学家应考虑到每增加一代人，父母血统误判的可能性就会增加。

测试如何进行

　　通常，Y染色体几乎完全不变地从一代传给下一代。但是，随着时间的流逝，Y染色体会积聚一个或多个突变，这些突变通常无害且不影响男性的健康，但可以通过测试进行检测，并有助于谱系分析。

　　有两种Y-DNA系谱测试：Y-STR测试和Y-SNP测试（图E）。Y-STR测试或"短串联重复"测试在整个Y染色体上的12～111个（有时甚至更多）非常短的Y-DNA片段之间进行测序。类似地，Y-SNP测试或"单核苷酸多态性"测试可检查沿Y染色体的一到数百个单点。在本节中，我们将讨论这些测试的工作方式以

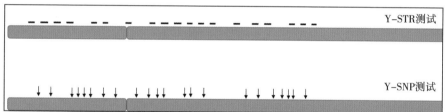

图E　系谱学家有两种Y–DNA测试可供选择：对重复片段的序列进行测序的Y–STR测试和对DNA（SNP）的特定点进行测试的Y–SNP测试

及每种测试的利弊。

Y–STR测试

Y–STR标记是此类Y–DNA测试的核心，可通过其DNA的Y染色体片段（DYS）编号进行识别，并通过特定位置的特定DNA序列的重复数进行测量。Y–STR测试的结果通常显示为DYS名称以及该特定标记的重复数。

DYS名称标识要分析的是Y染色体上的特定位置，重复数标识是在要分析的位置发现了核苷酸序列的重复数。例如，DYS393是位于Y染色体上特定位置的STR，通常具有序列AGAT的9～18个重复，最常见的是13个重复。例如，DYS393的结果为9，表示该位置的AGAT序列有9个重复：

多个Y–STR标记的结果通常显示在表格中，其中DYS标记名称在第一行，而每个标记的重复数在下一行。

DYS#	393	390	19	391	385	426	388	439	389I	392	389II
重复数	14	23	15	11	11～15	11	13	12	13	13	29
估计的单倍群是R1b1b											

总之，个体经过测试的Y–STR标记的结果代表了个体的单倍型，这是表征该测试者的特定标记结果的集合。每个男性都有特定的Y–DNA单倍型，通常两个男性的单倍型越相似，它们之间的亲缘关系就越紧密。

大多数Y–STR测试检查37到111个STR标记，但是更多的STR正在被识别并用于测试。Family Tree DNA目前提供37个标记、67个标记和111个标记的Y-STR测试。例如，67标记测试包含37标记测试中的所有标记以及另外的30个标记。同样，111标记测试包含67标记测试中的所有标记以及另外的44个标记。测试的Y-STR标记越多，两个男性之间的估计关系的分辨率就越高。

在特定Y-STR处的重复次数可以随时间以相对规则的速率变化，从而使家谱学家能够随时间追踪父系血统。例如，父亲和儿子几乎总是具有相同的Y-DNA单倍型。有时，一个或多个Y-STR标记会在一代与另一代之间发生突变。例如，由于随机误差，DYS393上的9个重复可以变成10个甚至11个重复。错误率相对固定，这意味着两个单倍型之间的差异可以作为"时钟"来估计自两个人有共同祖先以来已经经过了几代人。DYS393的突变率非常低，为0.00076，平均每1 315个传播事件中大约有一个突变。然而，尽管突变速率很慢，DYS393的突变仍可在任何时间随机发生，导致父子在此标记上有所不同。

某些Y-STR标记的变化趋势比其他标记要快。例如，与DYS393的慢突变率相比，DYS439的突变率为0.00477，即平均每210个传播事件中大约有一个突变。比较两个男人的Y-STR结果时，请考虑他们在快速标记或慢标记上是否有所不同。例如，如果两个人仅以"快"标记区别，则他们的共同祖先可能（但不能保证）比两个仅以"慢"标记区别的男人更新得多。通过以红色突出显示，Family Tree DNA可以识别Y-DNA姓氏项目中的"快速变化的STR标记"。

样本结果还确定了测试者的Y-DNA单倍体为R1b1b，尽管这只是基于Y-STR测试结果的估计。类似于mtDNA单倍群，Y-DNA单倍群用字母命名，特定的Y-DNA单倍群结果可以提供有关遗嘱人父系的古代起源信息。但是，单倍群只能由Y-STR测试估算并由Y-SNP定义。

这些测试可以为您做什么？Y-STR测试对于估计两个男性之间的相关性至关

研究提示

注意名称

过去，Y-DNA单倍体的命名约定为谱系的每个新分支添加了一个数字或一个字母。但是，随着新分支的发现，单倍组名称变得太长而无法使用。现在，最常用的是一种新的命名约定，称为终端SNP。例如，在R1b1a2a1a1示例中，测试者的终端SNP是R-U106，这是可以映射到最近的分支。

重要。由于Y-STR的突变率相对恒定，因此可以使用两个人的Y-STR谱图之间的差异数量（其单倍型）来估计这两个人共享同一男性祖先的时间。一个突变将意味着一个较新的普通男性祖先，而十个突变将意味着一个非常遥远的普通男性祖先。因此，Y-STR结果对于检查涉及男系的家谱问题非常有用。

Y-SNP测试

Y-SNP测试沿着Y染色体的长度检查了数百或数千个SNP（可变核苷酸A、T、C和G）。传统上，Y-SNP用于确定测试者的Y-DNA单倍体和远古血统，但在测试公司的数据库中查找遗传表亲没有帮助。但是，新的测试正在鉴定可能在族谱相关时间框架内有用的SNP。 这些所谓的"家族SNP"是在过去几百年中发展起来的突变。尽管在本书出版时还没有专门针对家庭SNP的测试，但这些测试类型可能会在不久的将来提供。

Y-SNP测试的结果可以有几个重要用途。例如，Y-SNP检测可准确确定检测者的Y-DNA单倍体，并揭示有关父系的古老血统信息。由于SNP用于定义Y-DNA单倍群，Y-SNP测试的结果也可以确认估计或重新定义基于Y-STR结果的单倍群估计。

此外，结果中的每个SNP都有助于将测试者置于Y-DNA谱系。每个SNP结果要么是祖先的，即意味着测试者在特定SNP处没有突变；要么是衍生的，这意味着该测试者在该SNP处发生了突变。SNP及其祖先或派生分类有助于确定测试者在Y-DNA单倍体谱系中的位置。例如，将为SNP派生的一个个体，这些SNP定义了他们所属的Y-DNA单倍群分支。

例如，在下表中，测试者的Y-SNP测试结果显示，他的Y-DNA属于单倍群R1b1a2a1a1，这是欧洲最常见的Y-DNA单倍群之一。在此示例中，第一个SNP结果，M269+表示接受该测试的人的SNP是派生的。但是，L277表示测试者是祖传的（因此为L277–）。

单倍群	SNP结果	终端SNP
R1b1a2a1a1	M269 + L23 + L151 + U106 + L277–	R–U106

在此简化的Y-DNA单倍群谱系中，可以将测试者映射到的谱系的最远分支是R-U106，也称为R1b1a2a1a1（图F）。

人类的Y-DNA单倍体谱系还不是很完整。随着越来越多的男性接受Y-DNA测试，不断发现新的分支。回到前面的示例，如果在U106下发现Y-DNA谱系的新分支，并且在定义该新分支的SNP是衍生的，则其末端SNP将变为更远的分支（R-NEWSNP；请参阅图G）。

国际遗传谱系学学会（ISOGG）维护着广泛的Y-SNP索引以及详细的Y-DNA单倍群谱系，每个单元组都有一个单独的页面。除了每个单元组的谱系图之外，ISOGG站点还包括对单元组起源的简短描述、主要参考文献列表以及其他资源列表。

Family Tree DNA在Y-DNA测试中几乎垄断了市场，但是其他公司已经开

M269+	R1b1a2			
L23+		R1b1a2a		
L151+			R1b1a2a1a	
U106+				R1b1a2a1a1
L277-			R1b1a2a2b	

图F Y-DNA单体组（如以字母R开头的单体）是根据个人是祖先的还是各个 DNA片段（SNP）衍生的

M269+	R1b1a2			
L23+		R1b1a2a		
L151+			R1b1a2a1a	
U106+				R1b1a2a1a1
NEWSNP+				R1b1a2a1a1a
L277-			R1b1a2a2b	

图G 新分支（如R1b1a2a1a1a）不断添加到Y-DNA单倍群谱系中

始使用SNP测试来采样Y-DNA并提供单倍型测定。23andMe检查Y染色体上的2 000 ~ 4 000个SNP。 23andMe不使用Y-DNA进行匹配，但是它确实通过测试者的Y-DNA确定了单倍组。同样，Living DNA也能提供分析测试者Y-DNA的服务，主要包括检查超过34 000个SNP，并使用测试结果确定单倍群。

The Big Y-700 测试

除了进行Y-STR和Y-SNP测试外，Family Tree DNA还提供了一种称为"Big Y-700"（以前称为"Big Y"）的Y-DNA测序测试。该测试对Y染色体的大约1 200万个碱基对进行测序，并在这1 200万个碱基对中识别Y-STR和Y-SNP结果。参与Big Y-700的测试者会收到一份清单，列出了相对于Y-DNA参考序列而言有所不同的SNP，以及大约700种Y-STR标记（包括通过传统Y-STR测试的111个Y-STR标记）。

Big Y-700是一项先进的Y-DNA测试，潜在的消费者在决定购买之前应仔细考虑它。尽管在Family Tree DNA数据库中，对于识别随机接近匹配而言可能不是很有用，但是该测试对于试图在过去几百或一千年中试图拉开关系的家庭成员可能会有所帮助。几个姓氏项目与Big Y-700测试合作，形成了严谨的、有计划的方案，将测试结果与Y-STR测试相结合，用来发现有关个人家庭的有趣发现。

与其他所有Family Tree DNA测试结果一样，Big Y-700结果也会显示在仪表板上。您将看到一个"结果"选项卡，其中列出了与Y-DNA参考序列不同的1200万个测序碱基对中的所有SNP。例如，图H显示了我的Big Y-700结果，这表明我在一个称为"A1207"的SNP处发生了突变（也就是说，我"源自"该SNP）。在SNP A1207处，我有一个T，而参考序列中有一个G。单击SNP名称将打开一个窗口，其中显示了实际的测序数据，使我能够评估分析的质量。其中一些是"命名变体"，这意味着SNP以前已经过表征。但是我可能还会有一些"未命名的变体"，这意味着SNP可能是新的，或者没有特征。找出谁拥有这些SNP，以及它们如何嵌入人类Y-DNA单倍体树，是Big Y-700测试的目标之一。实际上，根据Big Y-700测试的结果，我们已经在Y-DNA单倍体树中添加了数百个SNP。

结果仪表板中的"匹配"选项卡显示您在人类Y-DNA单倍体树上的当前位置，以及与您有密切关系的所有Big Y-700测试者（如果有）。如图I所示，我当前

103

图H　您的Big Y-700结果将指出您在哪些SNP处发生突变

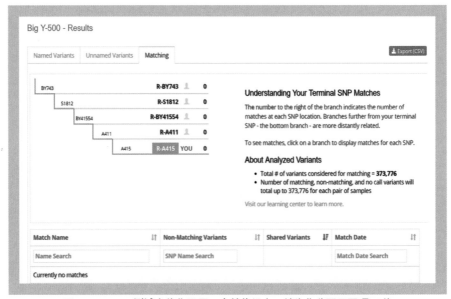

图I　Big Y-700测试会将您置于一个单倍组中，并为您分配匹配项。碰
巧的是，我没有Big Y匹配项

的单倍组分配是R–A415，这是我的末端SNP，是我被分配到的Y–DNA树上的最远点。但是，我没有任何Big Y–700匹配项。

"Y–STR结果"选项卡显示通过Big Y–700测试确定的400 ~ 500个Y–STR结果。传统的111个Y–STR标记将包括在此列表中。

Family Tree DNA对Big Y–700结果的解释不一定是分析的终点。一旦可以访问Big Y–700原始数据［具体来说就是一个称为BAM（二进制对准图）的文件］，便可以将该文件上传到第三方服务如YFull，以获取其他信息。例如，YFull分析将提供单倍群测定、您的新SNP变体、Y–STR遗传匹配以及其他分析。

将Y–DNA测试结果应用于家谱研究

Y–DNA测试在您的家谱研究中有许多重要的应用。例如，Y–DNA测试的结果可用于确定特定谱系的Y–DNA单倍型、查找DNA表亲或祖先，并回答家谱问题。Y–DNA还可以估算自两名男子在其直接父系上共享MRCA以来的时间长度，如用于确定两名男子是兄弟还是父子。在本节中，我们将深入讨论这些用途。

确定Y–DNA单倍群

Y–STR测试的结果将提供单倍群估计，而Y–SNP测试的结果将提供更确定的单倍群。所有以字母和数字命名的Y–DNA单倍群均来自Y染色体亚当。从Y染色体亚当开始，Y–DNA族谱的主要分支指示新的单倍群，次要分支指示该新的单倍群的亚群（子片段）（图J）。每个分支，无论是主要还是次要，都由一个或多个SNP突变定义。尽管在多个分支中发现了一些SNP突变，但通常一个分支中包含许多突变，因此可以将Y–DNA序列正确分配给正确的单倍群。

测试者可以利用单倍群名称来了解直接父系的古老起源。例如，World–Families上的Y–DNA单倍群页面提供了很好的资源，其中包含有关不同Y–DNA单倍群的简要介绍信息。一些Y–DNA单倍群拥有多种来源的可用信息。有时，这些来源中的信息看起来可能会发生冲突，但这不应引起恐慌，因为研究人员仍在学习有关人类Y–DNA谱系的信息。随着科学家对Y–DNA谱系的更多了解，Y–DNA单倍体的描述将继续改变。

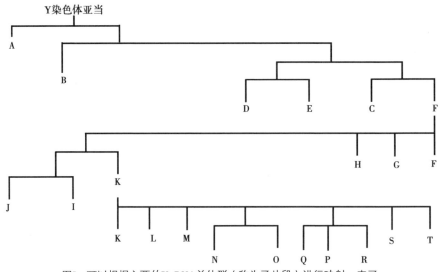

图J　可以根据主要的Y-DNA单体群（称为子片段）进行映射，来了解他们是如何从Y染色体亚当进化而来的

寻找Y-DNA表亲

您可以使用Y-STR测试的结果来找到拥有直接父系祖先的遗传表亲。将测试者的Y-STR单倍型（每个测试标记处的数字结果的集合）与数据库中的其他每个Y-STR单倍型进行比较，并确定其他结果足够相似的测试者。通常，两个单倍型必须与测试公司设定的最小阈值接近或相似，以便在测试者的遗传表亲列表中进行识别。遗嘱测试人的单倍型和父系表亲的单倍型越相似，共同的父系祖先在时间和世代距离上就越接近他们。

只有Family Tree DNA才有能力将测试者的Y-STR测试结果与大型Y-STR数据库进行比较。在公司数据库中有超过50万名Y-STR测试参加者，您在进行Y-STR测试时找到父系表亲的可能性越来越大。

从Family Tree DNA进行Y-STR测试的个人会收到数据库中具有相同或非常相似的Y-DNA的人员列表。这些人是Y-DNA表亲，并通过父系与测试者建立联系。有些可能具有相同的Y-DNA，而另一些可能会因少数STR差异而有所不同。通常，两个男人的Y-STR轮廓越相似，这两个男人的关联就越紧密。

例如，在图K中，该人通过Family Tree DNA进行了67个标记的Y-STR测试。Family Tree DNA数据库中还有其他八位测试者，其Y-DNA与测试者的Y-DNA足够

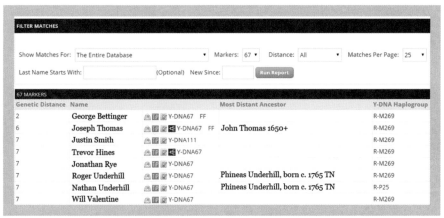

图K   Family Tree DNA的这些结果描述了测试者与DNA匹配项之间的关系，包括遗传距离、单
倍群和（对于某些匹配）最远的祖先

相似，便可以显示在列表中。但是，这些个体的遗传距离为2或更大，这意味着
Y-DNA的结果或单倍型是不同的。相反，他们之间存在两个或多个突变。

遗传距离是通过将两个测试者每个不同的标记结果之间的差异相加得出的。
在以下示例中，两个测试者在两个不同的标记处的值相差1，并且遗传距离为2：

名字	DYS#	393	390	19	391	385a	385b	426	388	439
Thaddeus Alden	结果	14	22	15	11	11	15	11	13	9
Thomas Alden	结果	14	23	15	11	11	15	11	12	9

在此示例中，两个测试者在一个标记处相差两个值，因此遗传距离也为2：

名字	DYS#	393	390	19	391	385a	385b	426	388	439
Thaddeus Alden	结果	14	23	15	11	11	15	11	13	9
Thomas Alden	结果	14	23	15	11	11	17	11	13	9

由于所有男性都通过Y染色体亚当父系建立关系，因此Family Tree DNA仅
显示测试者最接近的Y-DNA匹配项。下表显示了Family Tree DNA的遗传距离
（GD）匹配阈值：

测试	阈值
12 Y-STR 标记	GD = 0（尽管GD = 1将显示为同一姓氏组的成员的匹配项）
37 Y-STR 标记	高至GD = 4
67 Y-STR 标记	高至GD = 7
111 Y-STR 标记	高至GD = 10

因此，如果两个男人进行了37 Y-STR标记测试，并且遗传距离为5，则不会显示为Y-DNA匹配。原因是很可能这种父系关系远远超出家谱记录的时间范围。将两个人升级到67 Y-STR标记测试，其遗传距离仍然保持在5，在这种情况下，他们现在显示为匹配项（67 Y-STR标记的阈值为GD = 7），或者他们的遗传距离可能变大，并且他们可能满足或可能不满足67 Y-STR标记阈值。

遗传距离可以计算自两名测试者共享一个共同的父系祖先以来经过的时间和世代数。例如，进行67 Y-STR标记，遗传距离为0表示较近期的共同祖先，而遗传距离为7则表示更遥远的共同祖先。

下表（改编自Family Tree DNA的"与Y-DNA STR匹配的预期关系"按遗传距离细分多个测试中Y-DNA匹配的紧密程度。但是，这只是一个非常粗略的指南，具有已知父系关系的Y-DNA测试者可能会发现其遗传距离可能比表格显示的距离更近或更远：

	37 Y-STR 标记	67 Y-STR 标记	111 Y-STR 标记	解释
	遗传距离			
非常紧密相关	0	0	0	两位测试者之间的亲缘关系极其紧密，很少有人在这个遗传距离找到或测试一个表亲
紧密相关	1	1 ~ 2	1 ~ 2	两位测试者之间的亲缘关系非常紧密，很少有人在这个遗传距离找到或测试一个表亲
相关	2 ~ 3	3 ~ 4	3 ~ 5	两位测试者之间的相关性在西欧最知名的姓氏宗族的范围内，但要找到一个共同的祖先可能具有挑战性
不太相关	4	5 ~ 6	6 ~ 7	如果没有其他证据，这两位测试者不太可能在家谱相关的时间范围内共享同一祖先

如果测试人员仅参加了37 Y-STR标记的测试（或使用标记更少更老的测试），则升级到67或111 Y-STR标记测试可以提供更多关于两个男人之间的家谱关系的信息。例如，当升级到67 Y-STR标记时，在37 Y-STR标记处的遗传距离为2则依旧保持为2，这表明比在37 Y-STR标记处观察到的亲缘关系更紧密。相反，也有可能在升级到67 Y-STR标记时，在37 Y-STR标记处的遗传距离2将增加到3或更大，这表示比在37 Y-STR标记处观察到的亲缘关系更远。通过额外的Y-STR测试，遗传距离可以增加，但绝不能减少。

Family Tree DNA还提供了具有相似Y-STR单倍型的两个测试者之间遗传距离的统计分析。这种统计分析称为Family Tree DNA时间预测器（FTDNATiP）。FTDNATiP分析可以在具有相似Y-DNA的个人测试者列表中进行，也可以通过单击Matches页面上标记为TiP的橙色框找到（图L）。

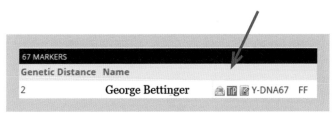

图L　Family Tree DNA的 FTDNATiP计算您与匹配项共享
祖先的概率

FTDNATiP通过比较测试者和确定的匹配项结果，并使用获得专利的算法计算距离最近的共同祖先（TMRCA）的时间，该算法利用的是每个标记的特定突变率，再根据两名男子在每个标记之间存在差异进行时间的计算。

在以下示例（图M）中，两个测试者在67 Y-STR标记处的遗传距离为2。TiP计算器计算出在最近四代中测试者共享一个共同祖先的概率为44.43％，在最近8代中测试者共享一个共同祖先的概率为84.11％。实际上，此示例中的两个测试者在第6代共享一个共同的祖先。

由于TiP的计算是基于特定标记的个体突变率，因此相同的遗传距离可能会有稍微不同的TiP估计值。例如，当突变为DYS391时，遗传距离为1的TiP计算可能与突变为DYS458的TiP计算略有不同。

109

COMPARISON CHART	
In comparing Y-DNA 67 marker results, the probability that Joseph U. Alden and Allen W. Alden II shared a common ancestor within the last...	
Generations	Percentage
4	44.43%
8	84.11%
12	96.58%
16	99.37%
20	99.89%
24	99.98%

图M　FTDNATiP提供百分比估计，您和Y–DNA匹配项在一定数量
的世代内共享一个祖先

参与姓氏或地理Y–DNA项目

　　Y–DNA项目可通过使用Y–DNA测试结果来回答家谱问题。例如，一个姓氏项目将具有相同（或相似）姓氏的个人聚集在一起，而地理项目则按位置而不是按家庭或姓氏聚集个人。其他项目根据个人指定的单倍群将个人聚集在一起。这些DNA组由管理员负责，主要工作有组织结果，共享信息和招募新成员。

　　Family Tree DNA包含8 000多个不同的DNA项目，包括mtDNA和Y–DNA项目。例如，威廉姆斯（Williams）的DNA项目有1 300多名成员，其他项目可能只有少数测试者。

　　找到一个DNA项目通常很简单。以下开始搜索的四个地方：

　　Family Tree DNA提供了一个搜索框，可以按姓氏、位置、国家或地区进行搜索。或者，可以使用字母列表找到项目。

　　辛迪（Cyndi）的列表提供了姓氏DNA研究与项目(Surname DNA Studies & Projects)的部分列表。

　　搜索引擎是查找姓氏项目的最简单方法之一。搜索[SURNAME] DNA项目通常会在搜索结果中识别相关项目。

　　DNA项目可以为参与者实现许多目标，包括：

　　估计项目中个体之间的关系。

　　确认或拒绝姓氏变体的关系。

探索姓氏所在的国家或地区。

详细了解随时间推移的姓氏迁移。

加入目标相似的其他家谱学家社区。

分析家谱问题

与mtDNA结果类似，Y-DNA测试的结果可用于检查家谱问题，包括确认已知的血统、分析家族的奥秘以及可能突破的研究壁垒。传统文献研究可以与Y-DNA测试结果相结合，为家谱学家提供强大的工具。

由于Y-DNA是父系遗传的，因此非常适合确定两个人是否通过其父系建立关系。与mtDNA不同，Y-DNA可以估计自两个人共享一个共同的父系祖先以来经过了多少时间。与常染色体DNA（atDNA）不同，Y-DNA在很大程度上保持不变，并不会与其他DNA重组。在活着的男性中分析的Y染色体与父辈的曾曾曾祖父的Y染色体几乎相同。

Y-DNA测试虽然具有诸多优势，但在应用于家谱问题时有几个重要的局限性。例如，Y-DNA测试只能确定两个人是否在其直接父系上有父系关系。此外，Y-DNA测试只能揭示两个男人是否在某种程度上具有父系关系，而无法确定这两个男人在父系上的确切关系，如这些人可能是兄弟、父子、一代表亲或更遥远的亲戚（如五代表亲）。

也可以使用Y-DNA测试来确定您与atDNA匹配项在父系上的关系。正如我们将在本书的后面部分所述，您可以在任何祖先系上找到atDNA匹配项，但是很难确定您是否与atDNA匹配项共享共同祖先。如果该atDNA匹配项还共享您的Y-DNA（或父亲亲属的Y-DNA），那么您可以显著缩小搜索共同祖先的范围。

另一个例子是，被收养人经常使用Y-DNA测试来帮助他们寻找自己的生物家族。找到紧密的Y-DNA匹配项会将被领养人指向亲生父亲的家庭，甚至提供可能的亲生姓氏，这对于被领养人来说是一个很重要的线索。

寻找生物祖先

Y-DNA越来越普遍的用途是找回未知的生物学姓氏。例如，对于一个被收养的男性，Y-DNA保留了一个生物家庭的链接，而纸质记录可能不具备该家族的信息，或者可能被锁在隐私的后面。根据我对Adopted DNA Project计划的经验，通过Family Tree DNA测试Y-DNA，大约有30%的男性能够找多可能的生物学姓氏。

例如，假设一个名叫莱利·格雷厄姆（Riley Graham）的被收养者进行了广泛的研究，但是没有发现任何可透露其生物学姓氏的记录。为了与亲戚建立联系，莱利进行了67项标记测试，其结果揭示了一种有趣的模式：

遗传距离	姓名	最遥远的祖先	Y-DNA单倍群	终端SNP
单倍群	终端SNP	约书亚·戴维斯（Joshua Davis）。约B.C.1765年	R-L1	
0	菲利普·戴维斯	约书亚·戴维斯（Joshua Davis）。约B.C.1765年	R-L1	
1	弗雷德里克·戴维斯	纳撒尼尔·戴维斯（Nathaniel Davis）。约B.C.1765年	R-P25	P25
2	约翰·托马斯		R-L1	

莱利与罗杰（Roger）和菲利普·戴维斯（Philip Davis）共享所有标记，这意味着他与父系上的这些人有着密切的联系。因此，他的亲生父亲、祖父或其他近代祖先很可能有戴维斯姓。赖利（Riley）和弗雷德里克·戴维斯（Frederick Davis）的遗传距离为1，因此他们之间的亲戚关系可能会遥远一些。罗杰和约翰·托马斯的遗传距离为2，这表示可能存在非父系事件。例如，如果托马斯的祖先收养了戴维斯的孩子，或者托马斯的祖先的妻子出轨戴维斯姓的男人，或者托马斯的男性决定将姓氏改为戴维斯，都有可能会发生非父系事件。

Y-DNA测试并不总会像此示例中能够揭示姓氏。通常情况下，测试者匹配列表中的个人之间的遗传距离太远，从而无法识别姓氏。例如，结果中可能有多个不同姓氏的匹配列表，或者匹配列表中没有几个人，或者他们之间的联系非常遥远。在这种情况下，测试者可以等待其他人（潜在的新人）参加Y-DNA测试，或者可以识别出可能是最佳的候选人，并询问他们是否愿意接受Y-DNA测试。

核心概念：Y染色体（Y-DNA）检测

✳ Y染色体是两个性染色体之一。只有男性拥有Y染色体，由父亲将Y染色体传给他的儿子。由于这种独特的遗传模式，Y-DNA只用于检查测试者的父系

✳ 通过对Y染色体的短区域进行测序（Y-STR测试）或通过Y染色体的SNP测试（Y-SNP测试）来完成Y-DNA测试

✳ 任何Y-DNA测试的结果都可以用于确定数千年前的父系单倍体或古老起源。Y-STR测试可以估计父系单倍群，而Y-SNP测试可确定父系单倍群

✳ Y-STR测序测试的结果可用于找到遗传表亲。由于Y染色体的突变相对率较快且稳定，因此Y-STR测试非常擅长在测试公司的数据库中找到随机的遗传匹配，并估计自两个男性共享一个共同的祖先以来经历的世代数

✳ Y-DNA测试结果可用于检查特定的家谱问题，例如两个人是否具有父系关系

DNA的作用

他们是兄弟吗?

在下图中,一位家谱学家根据研究充分的书面证据,确认两个历史人物菲利普(Philip)和约瑟夫(Joseph)为潜在兄弟。为了确定这两个人是否是兄弟,家谱学家追踪了菲利普和约瑟夫的后代,并要求他们接受Y-STR测试。两个后代都同意参加测试,家谱学家现在正在审查结果。

两个后代进行了67个标记的Y-STR测试,结果(以下是其简短摘录)如下,两个测试者在所有67个标记上均相同:

DYS#	393	390	19	391	385a	385b	426	388	439
菲利普(Philip)的后代	13	24	14	10	11	14	12	12	12
约瑟夫(Joseph)的后代	13	24	14	10	11	14	12	12	12

尽管菲利普(Philip)的后代和约瑟夫(Joseph)的后代的Y-DNA测试结果相同,但这并不能证明菲利普和约瑟夫是兄弟。就像mtDNA一样,Y-DNA无法确定确切的关系,因此结果仅为菲利普和约瑟夫可能是兄弟的假设提供了额外的支持。他们也可能是父子、叔侄、父系表亲或其他各种可能的关系,只要他们共享父系关系即可。的确,他们甚至可能是非常遥远的表亲。尽管如此,继续探索菲利普和约瑟夫是兄弟的可能性仍然是可行的,尤其是决定将书面证据考虑进来。

但是,如果我们重新假设结果,即他们不相似,或者甚至属于完全不同的单倍群。这意味着至少有以下一种情况是正确的:(1)菲利普和约瑟夫实际上不是兄弟;(2)菲利普和他所谓的Y-DNA后裔之间,或者在约瑟夫和他的父系之间的Y-DNA后代的某个地方发生了"中断",如收养。

如本章前面所述,Y-DNA系的断裂被归因错误的亲子关系或非父系事件(NPE)。NPE在一代人中的发生率为1%~2%,并且可能是由于多种因素引起的,如收养、名称更改、不忠等。尽管NPE很少见,但在审查Y-DNA测试结果时应始终考虑这种情况。

DNA in Action

是国王吗？第一部分

正如上一章所讨论的，2012年在英格兰莱斯特的一个停车场下发现了被认为是理查三世国王（King Richard III）的遗骸。这位32岁的国王在博斯沃思战役中阵亡，被葬在英格兰莱斯特的格雷弗里亚尔修道会（Greyfriars Friary Church）内。但是，随着时间的流逝，理查德（Richard）坟墓的位置最终消失了。对遗体的DNA测试表明，骨骼中相对罕见的mtDNA与理查三世国王姐姐安妮（Anne）的两个很遥远的后代的mtDNA相同或几乎相同。

为了进一步支持理查德三世遗骸的假说，研究人员希望将骨骼中获得的Y-DNA与理查德的一些亲属的Y-DNA进行比较。由于理查德三世没有孩子，所以家谱学家不得不追溯理查德的曾祖父爱德华三世，并跟随他的后代找到与理查德三世共享Y-DNA的候选人。系谱学家最终确定了接受Y-DNA测试（标记为A~E）的五个活着的后代。

对A~E个体的Y-SNP测试结果表明，其中四个属于Y-DNA单倍群R1b-U152（单个父系群）。但是，其中一个人属于I-M170单倍群，因此在所考虑的时间跨度内不是其他四个人的父系亲戚，这表明在最近四个世代过程中发生了"断裂"。相反，根据骨骼残骸Y-DNA测序结果，发现Y-DNA属于单倍型G-P287，具有相应的Y-STR单倍型。因此，令人惊讶的是，两个兄弟的遗传线［约翰·冈特（John Gaunt）系和爱德华·约克（Edward York）系］的Y-DNA不匹配。

总体而言，绝大多数证据（如第4章中提到的Y-DNA结果和mtDNA测试结果）均支持这个结论，即骨骼残骸确实是理查德三世的遗骸。Y-DNA结果还表明，在理查德三世和个体A到E之间存在亲属分配错误的情况。由于四名测试者具有相同的Y-DNA，所以亲属分配错误的情况几乎可以肯定是在亨利·萨默塞特（Henry Somerset）时期或者之前。理查德三世和亨利·萨默塞特分别有19个世代，并且假设每世代NPE的比率为1%~2%，那么在这一世代中发生NPE的机会为16%。

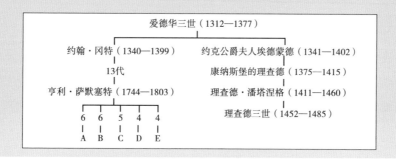

第 6 章

线粒体DNA（mtDNA）测试

您 是否对所有缺少姓氏的女性祖先感到一筹莫展，还不确定哪个伊迪丝（Edith）是自己的曾曾祖母？恰巧线粒体DNA（mtDNA）能提供答案。mtDNA是遗传谱系学家可用的最强大的工具之一，即使是面对最具挑战性的祖先，也可以找到母系相关的信息。mtDNA如此强大，以至于被军方用来识别找回的士兵遗体、被科学家识别出国王和沙皇的遗体以及被家谱学家用来解决无数姓氏的奥秘。那么mtDNA如何为您提供帮助？

线粒体DNA

线粒体是位于体内几乎每个细胞内的微小能量"工厂"。这些工厂每天花费1 h的时间来生产身体组织如肌肉所需的能量。每个细胞中都有数百或数千个线粒体，每个线粒体都包含数百个mtDNA拷贝。因此，每个细胞中都有很多mtDNA。

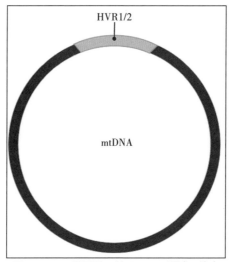

图A mtDNA呈圆形，并且mtDNA测试可检查特别容易突变的DNA片段（HVR1和HVR2，灰色）或整个DNA序列（绿色）

　　线粒体DNA（图A）是一小片环状DNA，由大约16 569对特殊分子（称为核苷酸）链组成。DNA编码37个基因，其中许多直接参与帮助线粒体为细胞产生能量。尽管mtDNA是一个完整的DNA环，但科学家和测试公司已经根据DNA环中发现的各个部分赋予了不同的名称。第一部分和第二部分分别称为高变控制区1（HVR1）和高变控制区2（HVR2），均是mtDNA的区域。其变化相对较快地积累，因此从一个人到另一个人往往是高变的（即更可能发生变化），除非这些人密切相关。第三部分是编码区（CR），积累的变化很少，并且包含线粒体基因的核苷酸碱基对序列。

　　这些部分的确切开始和停止位置可能会因测试公司而异，但是每个区域最常用的开始和停止位置是：

　　HVR1：碱基对16 001–16 569。

　　HVR2：碱基对001–574。

　　CR：碱基对575–16 000。

　　如图B所示，HVR区域位于mtDNA序列的第一个编号碱基对（00001）的任一侧。这个碱基对没有什么特别的，总是被认为是第一个碱基对，因为它是在获得

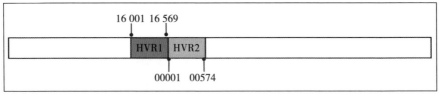

图B HVR1和HVR2是mtDNA中的碱基对基团，比其他分子更可能发生突变

的第一个mtDNA序列中被鉴定的，并且名称一直被保留。

一般而言，mtDNA测试仅对HVR1和HVR2区进行测序。但是随着测序价格的下降，大多数最新的mtDNA测试对所有16 569个碱基对的mtDNA进行测序。完整的mtDNA测序比HVR1 / HVR2测序提供了更多优势，包括更完善的古代起源信息以及更精确的表亲匹配。读取和比较整个mtDNA序列可提供尽可能多的信息。换句话说，测试HVR1 / HVR2区域就像阅读Moby-Dick的缩写学习指南，而测试HVR1/HVR2和编码区域就像阅读整本小说。

mtDNA的独特遗传方式

mtDNA具有独特的遗传模式，因此对于遗传谱系测试特别有价值。与其他类型的DNA不同，可能在称为重组的过程中混杂在一起（稍后会详细介绍），mtDNA总是从母亲传给她的孩子（包括男性和女性）而不会混杂。母亲会精确地复制她的mtDNA，然后传递给卵细胞。

尽管母亲将mtDNA传给了儿子和女儿，但只有女儿才能将其传给下一代。每个人都有从母亲那里继承而来的mtDNA并可以接受检测，mtDNA在儿子这一代终结，因为儿子不会将其传递给下一代。

图C显示了一颗短家族树中mtDNA的遗传路径。琼（Joan）决定测试她的mtDNA，并想确定她是从家谱中的谁那里遗传了那段特定的DNA。她从母亲卡伦（Karen）那里继承了mtDNA，而母亲卡伦（Karen）则从其母亲丽萨（Lisa）那里继承了该基因，而丽萨（Lisa）则从其母亲马瑞（Marie）那里继承了它。在每一代中，只有一个祖先携带mtDNA。而且由于这种继承方式，琼（Joan）可能确切知道哪个祖先传递着她的mtDNA，即使她可能不知道那个祖先的名字。例如，琼

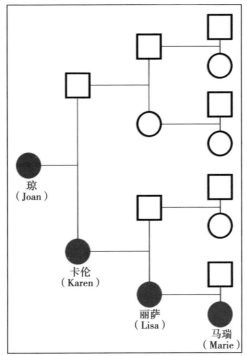

图C mtDNA沿着母系传递（紫色）

（Joan）在十代中有1 024位祖先（512位男性和512位女性），但在这512位女性中只有一位将mtDNA遗传给了琼（Joan）。

知道了mtDNA的遗传模式后，系谱学家也可以通过家族树追溯这条DNA。琼（Joan）是曾祖母，想知道她的哪些后代携带着她的mtDNA。图D是琼（Joan）的家谱，所有带有紫色标签的人都携带着琼（Joan）的mtDNA。当然，琼（Joan）的四个孩子（一个儿子和三个女儿）都携带着她的mtDNA。在孙子那一代，琼（Joan）的五个孙子中有四个携带着她的mtDNA；她的儿子没有将其传给下一代。在曾孙那一代，琼（Joan）的五个曾孙子女中只有两个携带着她的mtDNA，即曾孙3和4。

在图D中，尽管琼（Joan）的四个男性后代（四个紫色的方形方框）携带mtDNA，并可以进行mtDNA测试，但这些男性都没有将这一DNA传递给下一代。对于mtDNA，男性是终结者，不应该作为可能的测试来源。确实，男性可能是最后一位可以为特定祖先进行mtDNA测试的人。

119

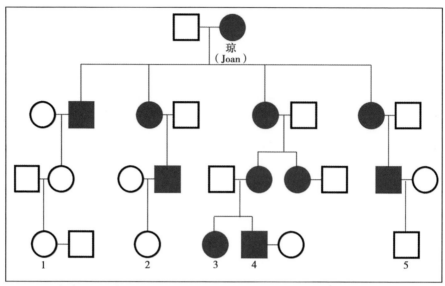

图D　拥有mtDNA的琼（Joan）的后代是紫色的。请注意，曾孙3和4拥有琼（Joan）
的mtDNA，而1、2和5没有

寻找mtDNA后代：向前追溯

为了从祖先的活着的后代中找到可以进行mtDNA测试的人，系谱学家必须沿着mtDNA系追踪世代，能将祖先和活着的后代分开。但是，有时祖先即使有许多后代，但其中可能没有携带其mtDNA的后代。例如，如图E所示，琼（Joan）有4个儿子（都已去世），因此没有活着的后裔拥有琼（Joan）的mtDNA，而且没有一个人是家谱学家可以要求接受该测试的。但是，家谱学家可能仍会找到一个拥有琼（Joan）mtDNA的亲戚，方法是回溯每代人并努力确定是否有活着的mtDNA后代。在此示例中，塞缪尔（Samuel）拥有与曾曾祖母安妮（Anne）和曾祖父琼（Joan）相同的mtDNA。因此，他可以参加mtDNA测试来与这两个祖先进行匹配。

如果塞缪尔（Samuel）不愿意或无法进行DNA测试，则家谱学家将被迫寻找安妮（Anne）的另一个后代，或再回溯到安妮（Anne）母亲的后代。有时，您可能必须追溯几代人，然后才能确定合适的mtDNA后代。尽管研究母系的难度可能是一个障碍，因为姓氏通常随着每一代的变化而变化，但家谱学家在寻找mtDNA亲戚时，无论回溯到多少代人都是没有限制的。

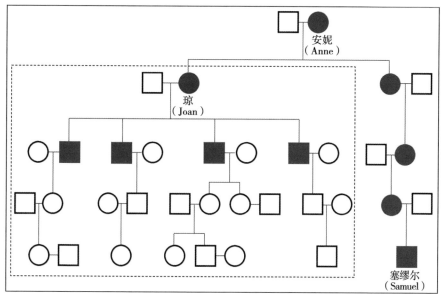

图E　如果您在寻找拥有祖先mtDNA并愿意接受mtDNA测试的活着的后代时遇到麻烦，请与另一代人合作，找到可以帮助您的更遥远的表亲。在这里，塞缪尔（Samuel）与琼（Joan）有着相同的mtDNA，即使他不是她的直接后代之一

测试如何进行

　　mtDNA测试有两种类型（图F）。第一个是mtDNA测序，它是通过对全部或部分mtDNA基因组进行测序来进行的。DNA的测序部分是由四个不同字母（A，C、G和T）组成的长序列，代表组成所有DNA的四个不同核苷酸（腺嘌呤、胞嘧啶、鸟嘌呤和胸腺嘧啶）。例如，所有mtDNA都是由构成碱基对的四个核苷酸（A、C、G和T）代表的16 569个碱基对的序列。低分辨率mtDNA测试仅对HVR1和HVR2区的1 143个碱基对进行测序，而高分辨率mtDNA测试则对16 569个碱基对中的每对进行测序。

　　mtDNA测试的第二种类型称为SNP测试，沿圆形mtDNA检查数百或数千个位置的单核苷酸多态性（SNP）。SNP是DNA的单个核苷酸，可能因人而异。例如，mtDNA位置15 833处的核苷酸可以是一个人的胞嘧啶（C）或另一个人的胸腺嘧啶（T）。密切相关的人在每个位置都应具有相同的SNP。母系上两个人之间的家谱关系越远，被测的SNP位置的差异就越大。

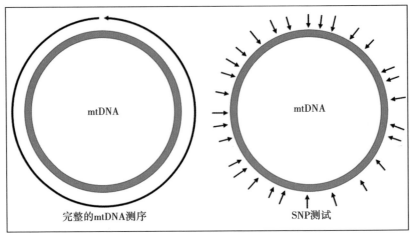

图F　系谱学家有两种类型的mtDNA检测方法可供选择：查看整个mtDNA基因组的
mtDNA测序和检查特定部分的SNP测试

采用两种方法之一对mtDNA进行测试，将结果与参考mtDNA序列进行比较，识别并列出测试者的mtDNA与参考mtDNA序列之间的任何差异。研究人员可以使用三种不同的参考序列来比较测试者的mtDNA：

剑桥参考序列（CRS）是有史以来第一个mtDNA序列的代表。第一个mtDNA序列源自一位欧洲女性的胎盘，于1981年发表。它是几十年来唯一的参考mtDNA序列。

修订剑桥参考序列（rCRS）是对CRS进行更新。在创建CRS之后的近20年里，研究人员陆续发现了一些错误，例如核苷酸缺失，这些错误已在rCRS中得到了纠正。

重建智人参考序列（RSRS）是最近的一项研究，旨在代表所有在世人类的单一祖先基因组。RSRS于2012年推出，学者们仍在就否继续使用rCRS或采用RSRS进行争论。两种序列都有各自的优点，并在某些测试中使用。例如，在Family Tree DNA，将接受测试者的mtDNA与rCRS和RSRS进行比较。

鉴定出测试者的mtDNA与所选参考序列之间的任何差异，并将其列为突变。尽管该词有时可能具有负面的含义，但对遗传学家来说"突变"仅是变化。这种变化可能涉及一个核苷酸切换到另一个核苷酸、额外的核苷酸出现或核苷酸消失等。尽管发生的突变有时会影响个体的健康、功能或外表。但几乎所有这些变化都是完全无害的。

测试者的mtDNA与参考序列之间的差异（可用于确定两个人在其母系上的亲密程度）可以用几种不同的方式报告。例如，可以通过以下方式确认被测mtDNA与rCRS之间的差异：

当mtDNA包含与参考序列不同的核苷酸时，核苷酸的差异会用该位点的位置和缩写的核苷酸来表示，例如，538C代表取代了538位参考核苷酸的胞嘧啶。有时结果会提供被替换的参考核苷酸，例如在位置538上替换了参考序列腺嘌呤的胞嘧啶，即用A538C表示。

当mtDNA缺少参考序列中存在的核苷酸时，核苷酸差异由参考序列位置编号和指示表示，例如522−是指522位置缺失的核苷酸。

当mtDNA与参考序列相比有一个额外的核苷酸时，该突变由位置和.1表示。例如，315.1C表示位于参考序列第315位核苷酸的胞嘧啶。

突变	代表的意义
263G	与参考序列不同，被测的mtDNA在263位具有一个G（鸟嘌呤）
A263G	测试的mtDNA用G（鸟嘌呤）取代了参考序列263位上的A（腺嘌呤）
309.1C	与参考序列相比，测试的mtDNA在309核苷酸后具有一个额外的C（胞嘧啶）
309.2C	与参考序列相比，测试的mtDNA在核苷酸309之后有第二个额外的C（胞嘧啶）
522−	测试的mtDNA缺少参考序列中522位的核苷酸

测试公司获得差异列表后，便可以使用这些信息来了解测试人员的古老血统并找到母系亲戚，我们将在下一部分中进行介绍。

Family Tree DNA是主要的mtDNA测试公司，已经测试了数十万客户的mtDNA。Family Tree DNA仅对mtDNA进行测序，尽管该公司过去曾提供HVR1 / HVR2测序功能，但如今可用的主要测试方法是完整的mtDNA序列。获得测序结果后，Family Tree DNA将序列与参考序列之一进行比较，并将差异或突变列表提供给测试者。例如，在图G中，已将测序结果与rCRS进行了比较，并提供了差异列表。

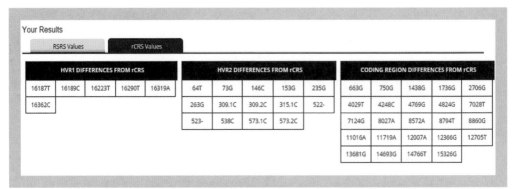

图G　Family Tree DNA向测试者提供了mtDNA和rCRS之间的特定差异列表

图H　rCRS和RSRS不同。因此，请务必注意您的DNA是与哪个模板比较

Family Tree DNA也使用RSRS作为参考序列。图H列出了rCRS示例中的RSRS和同一测试人员之间的差异。这表明有必要了解测试者的mtDNA与哪个参考序列进行比较的重要性。

23andMe也测试mtDNA，它使用SNP测序而不是HVR1 / HVR2或完整的线粒体基因组测序。当前版本的23andMe检查了整个mtDNA上大约3 000个SNP。23andMe没有提供测试者的mtDNA与参考序列之间的差异列表，但是测试者可以查看或下载mtDNA信息，并将结果与参考序列进行比较。

Living DNA还使用SNP测序来分析测试者的mtDNA。Living DNA在整个mtDNA中检查了4 000多个SNP，并使用这些结果提供了单倍型测定。与23andMe一样，Living DNA用户也可以下载mtDNA信息，并查看相对于参考序列"阳性"的SNP列表（表示相对于参考序列发生突变或改变的位置）。

mtDNA检测结果在家谱研究中的应用

mtDNA测试如何帮助您的研究？mtDNA测试相对于家谱学家有几个重要的用途。例如，结果可用于确定mtDNA的远古起源，并确定两个人的母系是否相关。mtDNA测试的结果也可以用于估计时间长度，即两个测试的个体共享一个最近的共同祖先（或MRCA）。在本节中，我们将深入讨论这些用途。

确定mtDNA单倍群

无论mtDNA测试的类型如何，结果都将揭示数千年前的母系位置信息。例如，了解您的mtDNA来源，不管您的母系来源于欧洲、亚洲还是美洲原住民，该测试通常会提供有关母系研究壁垒的重要线索。

线粒体夏娃

如果地球上的每个人都可以尽可能地追溯到他或她的母系，那么他们都将追溯在一个人身上，一个叫做"线粒体夏娃"的女人，是所有活着的人类的mtDNA祖先。她是所有人类母系上最近的共同祖先。确实，所有活着的人类可能都有一个更近的atDNA共同祖先，大概活在几千年前。

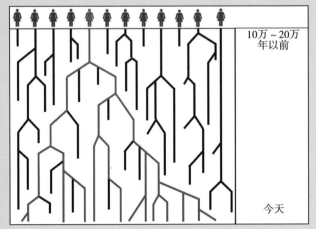

10万～20万年以前

今天

尽管我们永远不会知道线粒体夏娃的真名，但我们对她有一些了解：

1.她可能活在10万年前。这个日期是基于所有后代的mtDNA中的变异（即突变）决定的。使用有关mtDNA突变率的信息（每个核苷酸每350年大约有一个突变），花了10万～20万年才产生所有这些变异。这可以极大地帮助我们估计线粒体夏娃生活的时间线。

2.她可能生活在东非，因为mtDNA家族树的最古老的分支都是在东非发现的（并且这似乎是它的起源地）。

3.她至少有两个女儿，每个女儿都创建了mtDNA家族树的不同系。这在mtDNA家族树中创建了一个分支点，即假设的线粒体夏娃为一个女儿提供了一种类型的mtDNA，为另一个女儿提供了另一种类型的mtDNA。

尽管线粒体夏娃是以圣经中的夏娃来命名的，但她不是当时唯一活着的女人，也不是同时代活着的后代中唯一一个。那时还可能有成千上万的活着的妇女有活着的后代，但是从那时到今天之间，其他每个系的最终mtDNA后代都未能生育出女儿。

如果发现新的mtDNA系，这可能会进一步推迟线粒体夏娃的日期。例如，如果根据序列中突变的数量发现了一个早于线粒体夏娃的线粒体DNA，则必须及时将线粒体夏娃的日期推迟，因此她也可能是新发现系的祖先。

mtDNA测试的结果用于确定mtDNA属于哪个单倍群。mtDNA单倍群是一组与母亲相关的个体，这些个体在mtDNA家族树的特定分支上拥有最近的共同祖先，该分支由特定的SNP突变定义（家谱学家也可以有一个Y-DNA单倍群，我们在第5章中进行过讨论）。mtDNA单倍群的所有成员都可以将其母系追溯到几千年前居住在特定位置的单个祖先。在大多数情况下，科学家对mtDNA单倍体祖先所处的一般位置有很好的了解。

单倍群用字母和数字命名，同一单倍群中的个体将具有相同（或非常相似）的突变列表。例如，mtDNA单体组A2w是A单体组中的一个子组。mtDNA单体组A2w是在北美和南美土著人民中发现的五个mtDNA单体组之一（其他是B、C、D和X）。例如，如果有人想要突破母系研究壁垒，并通过mtDNA测试得知他们属于mtDNA单倍型A2w，那么该测试人员则可以沿着母系线从最近回溯到很久以前，用来寻找美国原住民祖先。

如果将地球上所有的mtDNA序列绘制到一棵巨型家谱上，它们都将追溯到线粒体夏娃（图I）。从线粒体夏娃开始，家谱的主要分支指示新的单倍群，次要分支指示该新的单倍群的亚群或子分支。每个分支，无论主要还是次要，都由特定

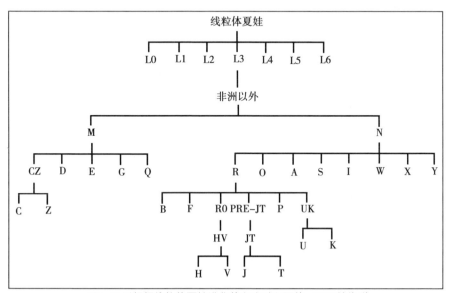

图I　可以根据线粒体夏娃进化的方式对主要的mtDNA单倍群
（称为亚群）进行定位

异质性

一些线粒体测试结果表明，测试者的mtDNA是异质的，这可能会给通过mtDNA寻求与他人关系证明的研究人员带来问题。

异质性是指细胞或生物体中存在多个mtDNA序列。由于人类细胞具有数百或数千个线粒体，因此该细胞中的某些mtDNA可能具有该细胞中其它mtDNA不具备的突变。具有两个或多个不同mtDNA序列的人或单个细胞是异质的，而具有单个mtDNA序列的人或单个细胞是同质的。

当异质细胞分裂时，mtDNA将随机分离成两个后代细胞。随着时间的流逝，异质性细胞最终可能会产生同质性细胞，尽管要花很多代才能实现。

可以通过商业遗传谱系测试在测试者的颊细胞中检测异质性，并从中获得用于测试的mtDNA。但是，由于线粒体的随机分离，在众多的测试者中可能会或可能不会发现异质性。此外，母亲的脸颊细胞中存在的异质性可能不会出现在卵中，反之亦然。因此，异质父母的孩子可能带有三种不同mtDNA中的一个：

异质性：每个卵细胞（发育为儿童）都有一些具有异质性突变的线粒体和一些没有突变的线粒体。当孩子接受mtDNA测试时，可能会检测到两个版本的mtDNA。

具有突变的同质性：在这个结果中，卵中的所有线粒体都有突变，或者（如果孩子实际上是异质的）孩子的颊细胞只带有突变的线粒体。

没有突变的同质性：即使父母的颊细胞是异质性的，孩子只遗传了没有突变的线粒体；或者，如果孩子实际上是异质的，则孩子的颊细胞只有没发生突变的线粒体。

用参考序列中的原始值、异质性的位置和一个符号表示异质性，该符号指示在该位置发现了哪些核苷酸。例如，位置263处C或G的异质性将被写为A263S。下表包含用于表示异质性结果核苷酸的各种组合符号。

异质性可以影响Family Tree DNA的mtDNA匹配结果。例如，如果两个人中的一个具有相同的线粒体基因组，但其中一个存在异质突变，则他们可能显示一个遗传距离。因此，如果比尔（Bill）的突变为16230A，而琼（John）的突变为16230W（表示此位置为A或T），则不会显示为完全匹配。

异质性最著名的例子是俄国的沙皇尼古拉二世（1868—1918）。测试他的骨骼残骸后发现C和T在16169位置存在异质性。（如果在Family Tree DNA上报告了该异质性，则该异质性为16169Y。）最初，研究人员试图证明骨骼残骸属于沙皇，然而这些异质性混淆了研究人员，因为在与该序列进行比较的沙皇母系亲属中未发现异质性。然而，后来沙皇尼古拉斯二世的兄弟乔治·亚历山大诺维奇大公（George Alexandrovich）（1871—1899）的遗体中也发现了相同的异质性。异质突变的比率在两个兄弟中有所不同，沙皇的C/t最多，他的兄弟乔治的T/c最多（大写字母表示在位置16169处检测到的主要碱基，小写字母表示在该位置处检测到的少数碱基）。

符号	意义
B	C或G或T
D	A或G或T
H	A或C或T
K	G或T
M	A或C
N	G或A或T或C
R	A或G
S	C或G
U	U
V	A或C或G
W	A或T
X	G或A或T或C
Y	C或T

的SNP突变定义。尽管在多个分支中发现了一些SNP突变，但通常一个分支中包含许多突变，因此可以将mtDNA序列正确分配给单倍型。

每个单倍群都与此单倍群的创建者出现的时间和地点相关联。这些信息是基于单倍群的突变率和现代分布，而不是基于古代的mtDNA样本，尽管古代的DNA被用于进一步研究和提炼有关各个单倍群的信息。

例如，线粒体单倍体群J估计发生在大约45 000年前的近东或高加索地区。相反，线粒体单倍群T是一种比较近期的单倍群，可能起源于大约17 000年前的美索不达米亚或其周围。

一旦测试者收到了单倍体群任务，他们就可以查找有关单倍体群和古老起源的更多信息。例如，WorldFamilies上的mtDNA Haplogroups页面包含了有关mtDNA家族树的每个主要分支的丰富信息。

寻找mtDNA表亲

mtDNA测试的另一种普遍用途是寻找mtDNA表亲。例如，在Family Tree DNA上，将测试者的mtDNA与数据库中所有的mtDNA进行比较，并且测试者将收到数据库中与自己拥有相同或几乎相同的mtDNA的人的列表。这些个体是mtDNA表亲，并通过母系与测试者相关。一些可能具有相同的mtDNA，而另一些可能相差1～2个突变。通常，两个序列之间的差异越小，这两个个体之间的关联就越紧密。

例如，在图J中，Family Tree DNA数据库中有六个人的mtDNA与测试者的mtDNA相似。但是，他们之间的遗传距离都为1或更大，这意味着两两之间的mtDNA序列不同，即他们之间存在一个或多个突变。在此界面中，无法直接将您的mtDNA与匹配项的mtDNA进行比较。但是，对于具有1个遗传距离的两个个体，要么是测试者的mtDNA发生了另一个人的mtDNA所没有的突变，要么是发生了遗漏。例如，您的mtDNA可能与遗传匹配项的mtDNA相同，除了您具有匹配项没有的T16362C突变，或匹配项具有您没有的G16319A突变。同样，在遗传距离为2的情况下，有多种可能的解释：您可能具有匹配项不具有的两个突变，匹配项可能具有您不具有的两个突变，或者您和匹配项各自拥有一个突变。

但是，很难确定您与mtDNA匹配项两者之间的亲缘关系。由于mtDNA的变化图J　任何与您的DNA差异不大的mtDNA匹配项，与您的遗传距离也较低。这意味着与您之间的差异更大/遗传距离更大的匹配项相比，他们与您之间的亲缘关系更为紧密

相对较慢，因此具有相同mtDNA的个体可以在最近或几千年前建立联系。例如，确切的HVR1和HVR2匹配项有50%的概率与母系相关，时间介于0~1 700年前之间（当然，还意味着有50%的概率，其母系关系的时间比1 700年前更久）。这就是为什么对整个mtDNA基因组进行测序而不是仅对HVR1/HVR2区进行测序的原因之一。精确的全序列匹配项与生活在过去775年左右的母系共同祖先相关的概率有95%。

匹配类型	Family Tree DNA上mtDNA区域比较	最近的共同祖先的时间
HVR1完全匹配	16 001—16 569（HVR1）	大约52代（1 300年）内拥有共同祖先的机会为50%
HVR1和HVR2完全匹配	16 001—16 569（HVR1）和1—574（HVR2）	大约28代（700年）内，拥有共同祖先的机会为50%
全序列完全匹配	16 001—16 569（HVR1）1—574（HVR2）575—16 000（编码区域）	大约22代（550年）内拥有共同祖先的机会为95%

　　要查找与mtDNA匹配项共享的母系祖先，测试者可以查看该匹配项的在线家谱，或与匹配项联系并询问他是否有兴趣共享信息。如果匹配项愿意合作，则测试者可以确定两个人是否在其母系上共享任何名称或位置。有时mtDNA匹配项会列出匹配出的最遥远的母系祖先，如果测试者不愿意与他人共享信息，则测试者可以使用这个祖先来反向追溯他的母系。

131

分析家谱问题

除了了解母系的古老起源并找到mtDNA亲属外，您还可以使用mtDNA测试的结果来帮助您完成特定的家谱任务，例如确认已知的家谱系，分析家庭奥秘以及可能突破的壁垒。mtDNA检测结果与传统文献研究结合在一起，对于家谱学家而言可能是一个强有力的组合。

由于mtDNA是母系遗传的，因此非常适合确定两个人是否通过母系建立关系。因此，大多mtDNA测试在谱系中的应用是根据两个或更多人的mtDNA测试结果，来检验那些接受测试者的mtDNA祖先是否与母亲相关。

例如，可以使用mtDNA测试来确定您与常染色体DNA（atDNA）匹配项在母系上的联系。正如我们将在本书的后面部分所述，atDNA匹配项可以在您的任何祖先系中找到，并且很难识别与atDNA匹配项共享的共同祖先。如果一个atDNA匹配项也与您共享mtDNA祖先，则可以显著缩小搜索共同祖先的行。

另一个例子是，收养者有时会使用mtDNA测试来帮助他们寻找其生物学家族。找到精确的mtDNA匹配项，就可以帮助收养人找到亲生母亲的家庭，只要匹配项与被收养人密切相关并且具有研究完善的家谱树。

将结果应用于家系问题时，请记住mtDNA测试的优势和局限性。例如，mtDNA测试只能确定两个人是否在其直接母系上有关系。因此，当谱系问题是1800年代出生的两个男人是否是兄弟时，mtDNA测试可能不适合。此外，mtDNA测试只能揭示两个人在某种程度上具有的母系关系，但无法确定这种关系的确切性质。结果，具有相同的mtDNA的人可能世世代代都是姐妹、母女、姑侄、第一代表亲等。

这些局限性必须与mtDNA测试的某些强大优势进行对比。例如，与atDNA不同，mtDNA始终保持不变地传给下一代，因此不会像atDNA那样被稀释。测试者的mtDNA与她的曾曾祖母的mtDNA100%相同，但她的atDNA大约只有6.25%相同。因此，即使存在局限性，mtDNA仍然是家谱学家的有力工具。

核心概念：线粒体DNA（mtDNA）检测

❋ mtDNA是位于细胞线粒体内的环状DNA片段

❋ 尽管男人和女人都从母亲那里继承mtDNA，但只有女人才能将mtDNA传给下一代。 由于这种独特的遗传模式，mtDNA仅用于检查测试者的母系

❋ 通过对部分（或整个）mtDNA进行测序或对mtDNA进行SNP分析来完成mtDNA测试。mtDNA的完全测序是最好的测试，并提供最多的信息

❋ 任何mtDNA测试的结果都可以用于确定数千年前母系的单倍型或古代起源

❋ mtDNA测序测试的结果可用于找到遗传表亲。但是，由于mtDNA突变非常缓慢，因此在测试公司的数据库中查找随机遗传表亲的作用不大。完全的mtDNA匹配可以表示非常紧密相关，也可以在数百年前与母系相关

❋ mtDNA测试的结果可用于解决特定的家谱问题，如两个人是否在母系方面有亲属关系

133

DNA的作用

她们是姐妹吗?

假设一位谱系专家根据笔迹证据确定了三名历史女性［玛丽（Mary）、简（Jane）和普鲁登斯（Prudence）］的关系，即她们是潜在的姐妹。为了确定这些女人是否实际上是姐妹，家谱学家追踪了玛丽、简和普鲁登斯的后代，并要求她们接受线粒体DNA检测。三个人的后代都同意，家谱学家现在正在审查结果。请注意，三个后代中的任何一个或全部可以是男人或女人，但是从三个女人到其活着的后代必须是母亲到女儿的完整母系。

表格中的（简化）结果表明，玛丽和普鲁登斯的mtDNA后代具有相同的mtDNA，而简的mtDNA后代有3个遗传距离。也就是说，简的后代的mtDNA与其他mtDNA结果之间存在三个差异。结果表明，简的后代缺少了其他测试者中发现的两个突变，并且发现了其他两个测试者没有的一个突变。由于三名妇女与各自的mtDNA后代之间的世代数很少，因此这个时间不足以出现3个遗传距离。

玛丽·史密斯的mtDNA后代	简·史密斯的mtDNA后代	普鲁登斯的mtDNA后代
73A	73A	73A
146T	146T	146T
315.1C	315.1C	315.1C
16129G	—	16129G
16223C	—	16223C
—	16311T	—

仅仅靠mtDNA测试结果是否能证明玛丽和普鲁登斯是姐妹? 不幸的是，结果只能证明她们可能是姐妹。她们也可能是母女、姑侄、母系表亲或其他各种母系关系。的确，她们甚至可能是非常遥远的母系表亲。DNA证据必须与传统文献证据相结合，以提出强有力的论点，才能证明玛丽和普鲁登斯是姐妹。

同样，结果也不能确切证明简不是玛丽和普鲁登斯的姐妹。尽管不太可能，但简与她的后代之间的血统可能出现错误事件，如未记录的领养事件。此外，简和她的后代之间的mtDNA谱系可能已经积累了三个可观察到的变化。换句话说，该母系既可能随机获得16129G和16223C突变，又增加了一个16311T突变，尽管这在统计上学是不可能的。此外，家谱学家可能没有对简的真正后代进行测试。

DNA的作用

这是国王吗？ 第二部分

　　2012年，在理查德三世学会的支持下，研究人员在英格兰莱斯特的一个停车场下发现了一个骨架。根据埋葬骨骼的时间框架，人死后的骨骼年龄（30多岁）以及包括战伤和严重脊柱侧弯在内的身体特征，研究人员认为该骨骼可能是理查德国王——英格兰三世（King Richard III of England）的遗骸。

　　理查德三世是金雀花王朝（the Plantagenet dynasty）的最终统治者。1485年8月22日，32岁的理查德（Richard）在博斯沃思战场（Basworth Field）遇难。理查德被埋葬在莱斯特的格雷夫里亚尔修道会教堂内。但是，随着时间的流逝，理查德（Richard）坟墓的位置最终消失了。

　　为了确定骨骼是否实际上是理查德三世的遗骸，研究人员希望将骨骼中的mtDNA与理查德的母系亲属的mtDNA进行比较。系谱学家追溯了理查德的妹妹约克·安妮（Anne）的后代，直到17代和19代才确定了两个活着的后代迈克尔·易卜生（Michael Ibsen）和温迪·杜尔迪格（Wendy Duldig），并且接受了mtDNA测试。易卜生和杜尔迪格进行的是全序列mtDNA测试，结果表明，他们的mtDNA几乎相同，即使它们的mtDNA谱系相差将近500年，也只发现了一个突变。他们的单倍群是相对罕见的J1c2c。

　　当将骨架的完整mtDNA测序结果与易卜生/杜尔迪格结果进行比较时，除了在杜尔迪格mtDNA中发现的单个突变外，mtDNA是相同的。与其他证据一起，研究人员明确地得出结论，这些遗骸是国王理查三世的遗骸。现在，掘尸现场是国王理查三世国王游客中心，游客可以透过玻璃看到墓地。

　　有关理查德国王DNA测试的更多信息，请参见Turi E. King等人撰写的论文《Identification of the Remains of King Richard II》。

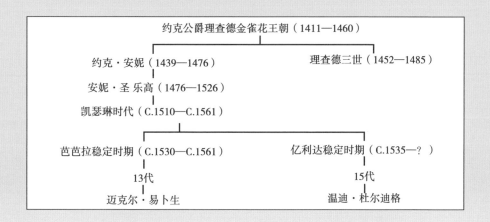

页面底部

第7章

X染色体（X-DNA）测试

与匹配项共享X染色体DNA（X-DNA）是什么意思？Y染色体DNA（Y-DNA）和线粒体DNA（mtDNA）的最强大优势之一，就是我们确切地知道家谱中的祖先始终贡献这两种DNA。相反，使用常染色体DNA（atDNA），任何祖先都可以提供该DNA片段。X-DNA介于这两个极端之间。尽管有许多祖先可能为您的X-DNA做出了贡献，但它们仅占整个家谱家族树的一小部分。因此，与匹配项共享X-DNA意味着您只需要在家谱树的子集中搜索共同祖先。在本章中，我们将学习X-DNA以及如何利用它来与您的基因匹配项一起探索共同的祖先。

X染色体

X染色体（图A）是在细胞核中发现的23对染色体之一，并且是两个性染色体之一，另一个是Y染色体（您会记得，它仅在男性中发现）。与Y-DNA不同，男

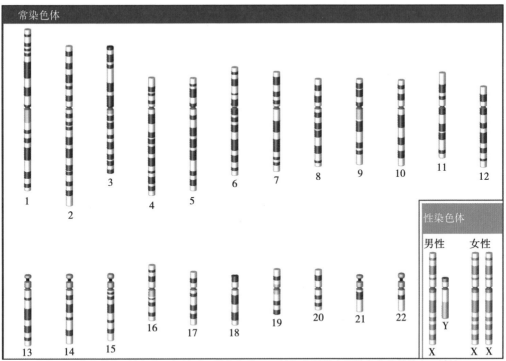

图A X染色体与Y染色体一起构成了性染色体，可以为家谱学家提供有价值的信息。请注意，上面仅显示了每个常染色体的一个拷贝。实际上，每个人都有22个常染色体的两个拷贝。国家人类基因组研究所达里尔·雷亚（Darryl Leja）提供

人和女人都具有X-DNA。女人有两个X染色体，一个是从父亲那里继承而来的，一个是从母亲那里继承来的。男人只有一个从母亲那里继承来的X染色体。

X染色体是一个相对较大的染色体，大约有1.5亿个碱基对，整个人类基因组中发现了20 000～25 000个基因，X染色体约占其中的2 000个基因。

X-DNA的独特遗传方式

像mtDNA和Y-DNA一样，X-DNA具有独特的遗传模式，因此对于遗传谱系测试非常有价值。一位母亲总是将X染色体传给所有的孩子，无论这个孩子是男性还是女性。相比之下，父亲只会将其X染色体传给女儿。因此，父亲和儿子总是破坏X-DNA在家谱中的传播。

一个女人有两个X染色体：一个是她从母亲那里得到的拷贝，另一个是她从父亲那里得到的拷贝。如果一个女人有孩子，她将传递X染色体，尽管这种遗传方式会根据卵细胞产生过程中的随机事件而引发一些不同的情况。有时，母亲会将完整的X染色体传给她的孩子，这与她从母亲或父亲那里获得的拷贝完全一样。在这种情况下，孩子将只与一名外祖父母共享X-DNA。其它时候，母亲会弄乱或重组她的两个X染色体拷贝，而她传给儿子或女儿的拷贝将是两者的混合物。在这种情况下，孩子将与两个祖父母至少共享一些X-DNA。这些情况具有同样发生的可能性。

但是，父亲传递X染色体时并不会发生重组。尽管Y染色体和X染色体的尖端有时会重组，但Y染色体的这些区域并未用于遗传匹配。因此，孩子将只与父亲的祖母共享X-DNA。一个孩子只能通过家谱的其他系间接与祖父共享X-DNA。

图B显示了一个女人的X-DNA在家谱中的可能来源。这棵树追溯了女性X-DNA经过七代或至第五代曾祖父母的可能路径。在那一代人中，一个人有128个祖先（如果最近有表亲结婚则更少）。 在这128个祖先中，一个女人的X染色体的潜在贡献者有34个（13个男性和21个女性）。由于这是一张女性从母亲和父亲那里继承X-DNA的图表，因此，家谱两侧都有X-DNA的可能来源：男性X-DNA的可能来源以蓝色突出显示，女性X-DNA的可能来源以粉红色突出显示。

请注意，尽管此图表显示了女性X-DNA在家谱中的可能来源，但女性X-DNA的实际来源只是突出显示的单元格中的一小部分。例如，如果女性从母亲那里继承了外祖母的X染色体，那么外祖母的家人就不会提供X-DNA。

图C显示了男人的X-DNA在家谱中的可能来源。X-DNA的可能来源是男性的用蓝色突出显示，X-DNA的可能来源是女性的用粉红色突出显示。由于这是一个完全从母亲那里继承X染色体的男人的图表，因此只有他的母系祖先才能提供X-DNA。例如，在第七代的128位祖先中，只有21位（8位男性和13位女性）可以向该男人提供X-DNA。与上一张图表一样，男性的X-DNA的实际来源只是突出显示的单元格中的一小部分。

与任何孤立的常染色体一样，女性可以通过重组或不重组进行X染色体的传递，这一事实意味着可以以任何形式存在与祖先共享的X-DNA。图D展示了X-DNA在一个家族中三代人的遗传过程，其中X染色体在传给下一代之前要么进

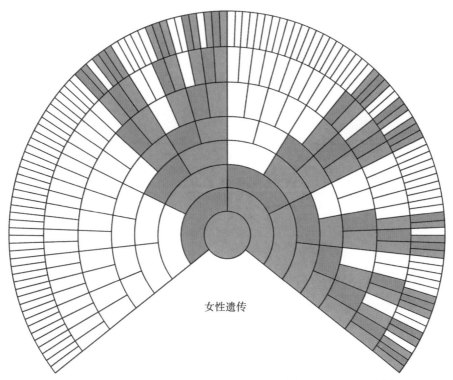

图B 像mtDNA和Y–DNA一样，X–DNA具有独特的遗传模式，可以帮助测试者确定他们到底是从哪些祖先获得了遗传信息。女性从其母系和父系获得X–DNA。可能的X–DNA祖先标示为蓝色（男性祖先）和粉红色（女性祖先）

行重组，要么不进行重组。

这张图显示了X–DNA传递到四个孙子的过程，根据X–DNA的遗传模式提出了一些有趣的发现：

1. 这张表中祖父大卫（David）没有女儿，因此他的X–DNA（蓝色表示）没有传给这棵三代树中的任何人。

2. 外祖父内森（Nathan）只有X染色体的一个拷贝，因此他把拷贝（红色表示）完全传给了他的女儿苏珊（Susan）。

3. 祖母贾斯汀（Justine）在传递她的X染色体的一个拷贝时，并没有发生重组（以绿色表示）。因此，本吉（Benji）从他的外祖父或外祖母［即贾斯汀（Justine）的父母之一］那里获得了一条完整的染色体。

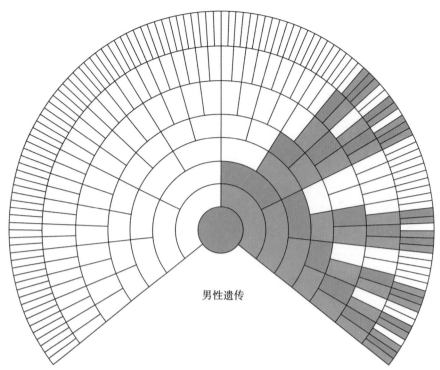

男性遗传

图C　与女性不同，男性只能从其母系获得X-DNA，因为男性是从母亲那里继承其单条X染色体。可能的X-DNA祖先标示为蓝色（男性祖先）和粉红色（女性祖先）

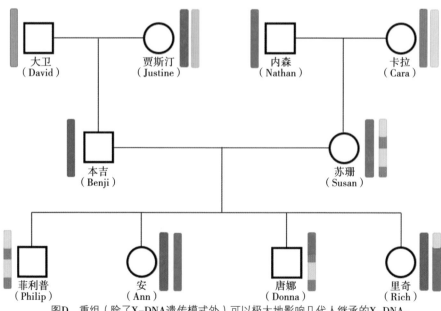

图D　重组（除了X-DNA遗传模式外）可以极大地影响几代人继承的X-DNA。纯色表示尚未重组的X-DNA，因此将其原样的传递给下一代。请注意，男性只有一个X染色体，而女性有两个X染色体

4. 当她的祖母卡拉（Cara）将一个X染色体的拷贝传递给女儿苏珊（Susan）时，她重组了她的两个X染色体拷贝。因此，苏珊（Susan）从四个祖父母（内森（Nathan）的母亲和卡拉（Cara）的两个父母）中的三个人那里获得了X–DNA。

5. 本吉（Benji）只有一条X染色体，因此他将那份完整的拷贝完全传给了他的两个女儿安（Ann）和唐娜（Donna）。

6. 兄弟姐妹菲利普（Philip）和安（Ann）各自从母亲那里获得没有重组的X染色体，而兄弟姐妹里奇（Rich）和唐娜（Donna）则各自从母亲那里获得了重组的X染色体。

7. 兄弟姐妹安（Ann）和唐娜（Donna）共享一个完整的X染色体。对于同父异母或者同父同母的姐妹来说，情况总是如此，因为她们总是从父亲那里获得相同的X染色体。

8. 菲利普（Philip）与里奇（Rich）（染色体"下半部"的蓝色和紫色）和唐娜（Donna）（顶部的蓝色）共享X–DNA，但不与安（Ann）共享。兄弟姐妹（不是父系姐妹）不共享X–DNA的情况并不常见。

测试如何进行

当前，X–DNA作为atDNA测试的一部分，而不是作为独立的测试进行。该测试包括X染色体上17 000～20 000个单核苷酸多态性（SNP），这将包含在原始数据中。

不同测试公司对X–DNA的处理略有不同。尽管AncestryDNA测试X染色体，但是在将个人数据结果与数据库进行比较时，并不使用X–DNA。因此，在AncestryDNA上将不会显示任何共享X–DNA的匹配项。

在23andMe，将测试者的X–DNA与数据库中其他人的X–DNA进行比较，这意味着23andMe的某些匹配项只共享X–DNA。由于男人有一个X染色体，而女人有两个X染色体，因此在23andMe处进行比较时，男人和女人的阈值会有所不同。下表列出了X–DNA的阈值。

人#1	人#2	厘摩阈值	SNP阈值
男性	男性	1	200
男性	女性	6	600
女性	女性	6（半–IBD）	1 200（半–IBD）
女性	女性	5（全–IBD）	500（全–IBD）

在表中，进行X-DNA比较时，"半-IBD"或"半传递一致性"表示两名女性仅在其X染色体的一个拷贝上共享DNA。同样，"全-IBD"或"全传递一致性"是指两名女性在其X染色体的两个拷贝的相同位置共享DNA。全-IBD的匹配阈值明显低于半-IBD。由于只有女性具有两个X染色体，因此只有女性可以具有半-IBD或全-IBD区段。

在Family Tree DNA中，仅当匹配项共享的atDNA高于匹配阈值时，才能称之为X-DNA匹配。因此，如果只是共享X-DNA，则不会在Family Tree DNA上找到匹配项。如下表所示，X-DNA的匹配阈值明显低于atDNA的匹配阈值。

DNA类型	cM阈值	SNP阈值
atDNA	7.7	500
X–DNA	1	500

Family DNA和23andMe都将在各自的染色体浏览器中显示X-DNA匹配。图E是Family DNA染色体浏览器的屏幕截图，该浏览器将一个女人的X染色体与其三个兄弟姐妹的X染色体进行比较：一个姐姐（橙色）、一个哥哥（蓝色）和另一个哥哥（绿色）。正如浏览的报告那样，测试者与她的每个兄弟姐妹共享可变数量的X-DNA。

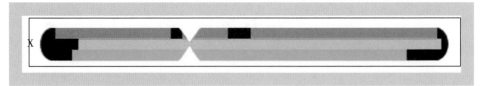

图E　Family DNA有染色体浏览器工具，可将测试者的X–DNA与其他测试者的X–DNA进行比较。在这种情况下，该工具会突出显示测试者与其他三个测试者共享的X–DNA：她的姐姐（橙色），她的兄弟（蓝色）和另一个兄弟（绿色）

X-DNA测试和匹配的局限性

由于一些原因遗传谱系学家也发现了X-DNA匹配可能存在的问题。

例如，由于其遗传模式，并且类似于atDNA，X-DNA通常无法识别两个人之间的确切遗传关系。图F进一步证明了X-DNA的这一特殊局限性。底部的Family Tree DNA染色体浏览器将曾祖母艾伯塔（Alberta）的X染色体与她的两个曾孙子唐纳德（Donald）和达米安（Damian）的X染色体进行了比较（分别为橙色和蓝色）。艾伯塔（Alberta）将X染色体传给了她的儿子伯特（Bert），伯特（Bert）将X染色体不变地传给了他的女儿凯瑟琳（Catherine）。然后，凯瑟琳（Catherine）将X染色体传给了她的两个儿子唐纳德（Donald）和达米安（Damian）。由于重组的随机性，唐纳德（Donald）和达米安（Damian）可能会收到部分、全部或完全没有艾伯塔（Alberta）的X-DNA。

Family DNA染色体浏览器可以进一步说明，通过比较发现唐纳德（Donald）和达米安（Damian）都得到了艾伯塔（Alberta）的一些X-DNA，其中一个（蓝色）得到的遗传信息明显多于另一个（橙色）。请注意，由于唐纳德和达米安只能从祖母（伯特）或外祖母（凯瑟琳的母亲）继承X-DNA，因此在此染色体浏览器视图中，不共享的区域应该与外祖母的X-DNA相匹配。

由于重组和随机遗传，仅靠X-DNA不能识别出艾伯塔（Alberta）和唐纳德（Donald）之间或艾伯塔（Alberta）和达米安（Damian）之间的特殊关系。他们显然共享X-DNA，重叠的X-DNA表明一定具有共同的祖先，但是确切的关系尚不清楚。

另外，X染色体上测试的SNP的密度远低于相当的染色体上的SNP密度。X染色体是一个相对较大的染色体，大约有1.5亿个碱基对，与7号染色体（1.59亿个碱基对）相当。但是，三个测试公司对7号染色体的SNP数量进行测试，其数量几乎是X染色体的SNP数量的两倍。因此，X-DNA片段可能具有相对较低的测试SNP。

SNP密度较低时，则DNA片段更有可能以共享片段的形式出现，但实际上却不是真正的匹配片段。例如，图G比较了两名男性的X-DNA。如果突出显示的SNP是唯一测试的SNP，则X-DNA的两条链似乎匹配。但是，如果增加SNP密度，

143

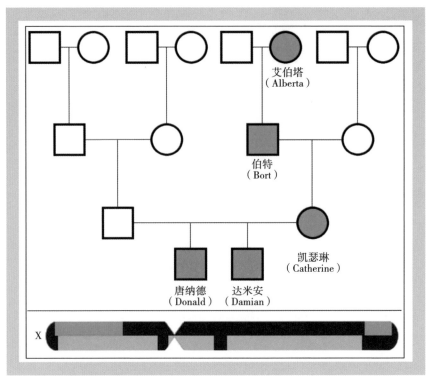

图F 染色体浏览器显示艾伯塔（Alberta）与她的两个曾孙［唐纳德（Donald）
（橙色）和达米安（Damian）（蓝色）］共享的X-DNA片段

结果将立即表明这不是匹配的片段。请注意，这种潜在危害更可能影响较小的
DNA样品片段，因为较大的片段样品将测试更多的SNP。

由于X-DNA当前的局限性，测试者则需要分析足够长的X-DNA片段。例如，
通常建议的阈值为10 cM，但一些遗传谱系学家将阈值设置为15或20 cM。尽管
X-DNA匹配项之间能共享较小的片段，但是遗传谱系学家分析这些较小的片段
时，并没有足够的信息来判断对错。

X-DNA匹配还存在另一个局限性，用于比较两个人的X-DNA匹配的阈值
低。例如，23andMe和Family Tree DNA都使用X-DNA阈值，且阈值都低于atDNA
的阈值。例如，在23andMe，用于比较两个男性的X-DNA的阈值仅为1 cM和200个
SNP。在Family Tree DNA上，用于比较任何两个个体的X-DNA的阈值仅为1 cM和

```
-ATCGGCTTAGCAATCATACGTACTCGA-
-GTCAGTTTCCAGCTAAGCATCAGGGGC-
```

图G　在此示例中，测试X–DNA样品中所有的SNP（以黄色突出显示）都显示为匹配。因此，X–DNA测试结果将显示这两个人的DNA链匹配，即使包含多个不匹配的SNP

500个SNP。许多遗传谱系学家发现，低阈值容易产生X–DNA匹配的结果，但实际上似乎并不完全匹配。

X–DNA检测结果在家谱研究中的应用

　　尽管存在局限性，X–DNA匹配对于族谱还是非常有用的，特别是与其他类型的DNA结合使用时。例如，当与一个表亲共享X–DNA和atDNA时，则可以在族谱中指出共同祖先在哪几行。

　　与一个匹配项可以同时共享X–DNA和atDNA，但不能证明atDNA的共同祖先也是X–DNA的共同祖先。最初，这个法则似乎违反直觉，毕竟，如果我们在匹配的情况下共享X–DNA和atDNA，根据我们在本章前面看到的图表，这是否意味着我们的共同祖先位于X–DNA线？不幸的是，DNA从来都不是如此简单！相反，即使我们与遗传匹配项共享atDNA和X–DNA，DNA的片段也可能来自不同的祖先。通常，共享的atDNA和X–DNA是来自同一共同祖先。但是，遗传匹配项会在不同的谱系上共享至少两个不同的共同祖先，其中一个谱系提供了共享的atDNA，另一个谱系提供了共享的X–DNA（图H）。

　　除了存在多谱系祖先的情况，遗传匹配项之间可能只共享很小的X–DNA片段，而事实证明这是一个错误的片段。在这种情况下，遗传匹配可能会花费大量时间寻找不存在的X–DNA祖先。要想在这些可能性之间做出选择，就需要对测试者的家谱进行深入分析，并仔细考虑所涉及的X–DNA片段的大小。

　　X–DNA匹配项不能完全保证atDNA匹配。除了这一事实外，家谱学家还应记住，缺乏X–DNA共享几乎永远无法说明特定的关系。不与他人共享X–DNA几乎永远无法说明存在或不存在某种关系。只有少数的例外情况下，两个人必须共享X–DNA：一个母亲和她的孩子（男性和女性）、一个父亲和他的女儿（与祖母完

145

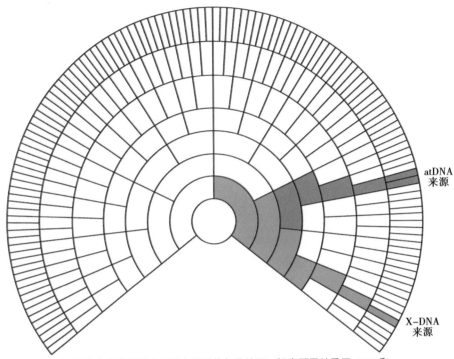

图H　虽然遗传谱系学家可能会假设他们是从同一祖先那里继承了atDNA和X–DNA，但在某些情况下（如上述情况），他们的atDNA和X–DNA来源不同

全匹配）和有同一个父亲的"亲"姐妹。

　　除了这些关系，两个亲近或遥远的人可能共享或也可能不共享X–DNA。例如，拥有相同父亲的姐妹将始终共享完整的染色体，而不同父亲的兄弟姐妹可能不会共享X–DNA。同样，兄弟姐妹可能会或可能不会与母亲共享X–DNA。当然，不共享X–DNA并不意味着兄弟姐妹之间的血缘关系存在问题。相反，他们可能从母亲那里继承了完全不同的X–DNA。

　　牢记本节中概述的局限性和法则，家谱学家可以分析X–DNA匹配来找到一个或多个共同祖先。X–DNA测试（并在考虑到X–DNA继承规则的情况下分析X–DNA和atDNA结果）有助于找到两个人的共同祖先。

　　让我们来看一个实际的例子。在图I中，两个人共享X染色体上的一段DNA（橙色表示），大约为25.28 cM。根据atDNA测试的结果（图J），两个人还共享atDNA的多个片段，包括10号染色体（10 cM）、12号染色体（36.94 cM）和16

号染色体（16.26 cM）上的片段。Family Tree DNA预测朱莉娅（Julia）和艾普尔（April）两个人是第二至第四代表亲。当比较朱莉娅（Julia）和艾普尔（April）的家谱时，他们发现了一个共同的潜在祖先［一个名叫希拉姆·奥尔登（Hiram Alden）的人］，表明他们是第四代表亲。希拉姆·奥尔登（Hiram Alden）是茱莉亚（Julia）祖父的祖先，也是艾普尔（April）祖母的祖先。

希拉姆·奥尔登（Hiram Alden）是共同的祖先吗？X-DNA遗传模式告诉我们

图I　X-DNA测试的结果，例如朱莉娅（Julia）和艾普尔（April）的结果，可以（并且应该）与其他家谱信息一起使用

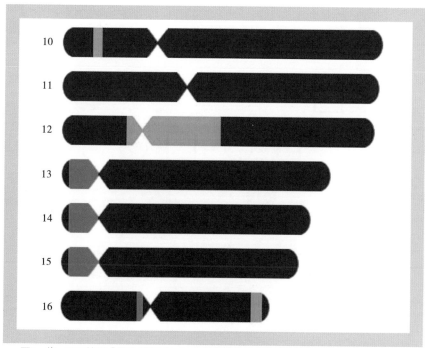

图J　将atDNA结果［如朱莉娅（Julia）和艾普尔（April）的结果］与传统的家谱和X-DNA测试的结果结合起来，了解测试者彼此之间的关系以及与共同祖先的关系（灰色表示测试未涵盖的区域）

并不是。如本章前面的X-DNA继承图所示，茱莉亚（Julia）无法从其祖父那里继承任何X-DNA。因此，尽管朱莉娅（Julia）和艾普尔（April）可能继承了希拉姆的某些片段，但他不能成为共享X-DNA的来源。沿着他们的X-DNA谱系，朱莉娅（Julia）和艾普尔（April）一定共享着另一个祖先。

在下一个示例中，如图K所示，达西（Darcy）是领养的，她的后代对她的生物学遗产一无所知。达西（Darcy）和她的孩子已去世，但她的两个孙子［卡罗尔（Carol）和杰森（Jason）］仍在世，并且都接受了包括X-DNA在内的atDNA测试。当他们比较测试结果时，发现他们在X染色体上共享三个大片段（21.65 cM、26.83 cM和18.57 cM）。卡罗尔（Carol）和杰森（Jason）对此X-DNA的来源以及如何使用它来了解祖母的血统感到好奇。

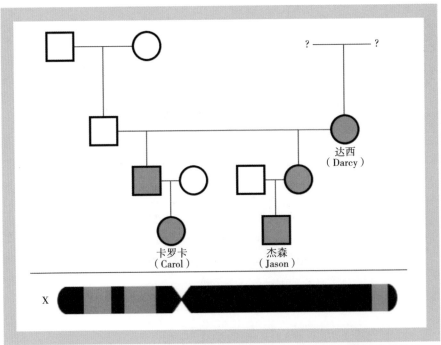

图K 卡罗尔（Carol）和杰森（Jason）共享的X-DNA在染色体浏览器中以橙色突出显示。基于大量共享的X-DNA，可以放心地假设他们两都从祖母达西（Darcy）那里继承了X-DNA。卡罗尔（Carol）和杰森（Jason）可以找到更多达西（Darcy）的亲戚，并通过回溯具有相似X-DNA的个体来寻找祖先

尽管在这种情况下，X-DNA无法提供任何明确的答案，但它可以为卡罗尔（Carol）和杰森（Jason）提供一些新的研究途径。大量共享的DNA（橙色表示）表明这两人共享最近的X-DNA祖先，根据此信息和他们的家谱，卡罗尔（Carol）和杰森（Jason）可能从祖母那里获得了共同的X-DNA。卡罗尔（Carol）和杰森（Jason）现在可以寻找其他共享X-DNA片段的人，从而进一步寻找达西（Darcy）的其他亲戚。

核心概念：X染色体（X-DNA）检测

❋ X染色体是两个性染色体之一，其中男人有一个拷贝（来自母亲），而女人有两个拷贝（一个来自母亲，一个来自父亲）

❋ X-DNA是从一小部分祖先遗传而来的，这意味着与测试者共享X-DNA的表亲的祖先集合可能比其他染色体的集合小

❋ X-DNA测试通常通过SNP测试完成，并且仅作为atDNA测试的一部分（而不是作为独立测试）

❋ X-DNA测试的结果可用于找到遗传表亲

❋ 由于当前X-DNA测试的SNP密度低，并且公司使用的阈值低，因此必须非常仔细地检查X-DNA匹配项，并且大范围地搜索X-DNA匹配项

❋ 当与匹配项共享X-DNA和atDNA时，表明atDNA的共同祖先是X-DNA的祖先，但是atDNA和X-DNA也可能来自不同的祖先

❋ 缺乏共享的X-DNA片段几乎很少能提供有关特定关系的信息，因为只有在少数亲戚关系中，两人必须共享X-DNA

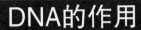

DNA的作用

使用X-DNA识别祖父母

维多利亚·琼斯（Victoria Jones）在Family Tree DNA上进行了atDNA测试，发现她与威尔玛·格里森（Wilma Grisham）共享了110 cM的atDNA片段。当维多利亚和威尔玛比较

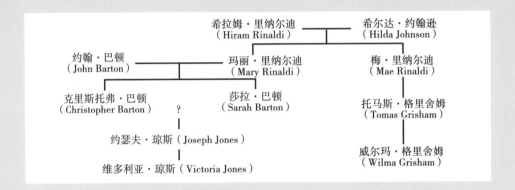

他们的家族树时，发现他们可能有共同的祖先希拉姆（Hiram）和海伦（约翰逊）里纳尔迪［Helen (Johnson) Rinaldi］。

　　根据文献研究和DNA匹配，维多利亚认为她是约翰（John）和玛丽（里纳尔迪）巴顿［Mary (Rinaldi) Barton］的曾孙。但是她不确定他们的哪个孩子［克里斯托弗（Christopher）或莎拉（Sarah）］是她的祖父母。这两种情况都符合研究早期阶段收集的文档和DNA匹配结果。

　　维多利亚使用Family Tree DNA上的染色体浏览器将她的DNA与威尔玛的DNA进行比较时，发现他们在多个不同的染色体上共享DNA，其中包括X染色体，在X染色体上，他们共享两个片段，共47.04 cM。

　　这可以帮助维多利亚确定哪个巴顿是她的祖父母吗？为了研究这个奥秘，维多利亚追溯了他们共享的X-DNA的可能路径。玛丽·里纳尔迪（Mary Rinaldi）和她的妹妹梅（Mae）共享了他们从父亲希拉姆（Hiram）那里获得的至少一条完整的X染色体（也可能从母亲那里得到了一些X-DNA）。玛丽将X染色体（父亲的X染色体，母亲的X染色体或两者的混合物）传给每个孩子。同样，梅（Mae）将X染色体传给了她的儿子托马斯·格里舍姆（Thomas Grisham）。因此，克里斯托弗（Christopher）和莎拉·巴顿（Sarah Barton）很有可能（但不能保证）会与他们的第一代表亲托马斯（Thomas）共享X-DNA。自从托马斯将所有的X-DNA遗传给他的女儿威尔玛（Wilma）后，她便会与克里斯托弗或莎拉共享相同的X-DNA。

DNA的作用

　　但是下一代可能会帮助揭开这个谜团。如果克里斯托弗·巴顿（Christopher Barton）是约瑟夫·琼斯（Joseph Jones）的父亲，那么他的任何X-DNA都将不可能遗传给儿子，因为儿子无法从父亲那里得到X-DNA。克里斯托弗·约瑟夫（Christopher Joseph）将结束里纳尔迪（Rinaldi）／约翰逊（Johnson）的X-DNA的遗传。但是，如果莎拉·巴顿（Sarah Barton）是约瑟夫·琼斯（Joseph Jones）的母亲，那么她本来可以遗传整个X染色体可能包含匹配的片段。确实，我们已经知道，维多利亚从父亲那里收到的完整X染色体必须来自他（约瑟夫）的母亲。

　　这支持了以下假设：莎拉·巴顿（Sarah Barton）是约瑟夫·琼斯（Joseph Jones）的母亲，因而是维多利亚的祖母。维多利亚本来需要开展更多的研究，但是多亏了X-DNA分析，她的工作进展才会如此顺利！

第三部分

分析和应用
测试结果

第 **8** 章

第三方常染色体 DNA工具

您已经在一个或多个测试公司进行了测试，查看了种族估计，并且查看了匹配列表。现在你该怎么办？如何最大程度地利用测试费用，才能从 DNA 测试中提取出每条有用的信息？第三方工具（免费和收费）为家谱学家提供了新的工具和研究途径。在本章中，我们将介绍一些可用于分析常染色体 DNA（atDNA）的第三方工具。

什么是第三方工具？

每个主要的测试公司 23andMe、AncestryDNA 和 Family Tree DNA 提供了测试者可以使用的工具。但是，一些程序员和遗传谱系学家创建了独立于测试公司的第三方 DNA 工具，并且提供其他功能和分析程序。这些第三方工具可以从 DNA 测试结果中提取所有信息，因此提供了将一个公司的原始数据（即接受测试者的 DNA 序列）与另一公司的原始数据进行比较的方法（前提是两个人都将其原始数据上传到了相同的第三方工具）。三个最常用的工具是 DNA Painter、GEDmatch 和 DNAGedcom。本节探讨第三方 DNA 工具的用法。

DNA Painter

DNA Painter 是一种用于执行染色体映射的工具。染色体映射是一个过程，在这个过程中，确定测试者从哪些祖先那里继承了哪些 DNA 片段。当您已知表亲共享 DNA 片段时，且共享共同的祖先，那么您可以暂时将共享的 DNA 片段分配给这个共同的祖先。在图 A 中，亚历山德拉（Aleksandra）和 谢尔盖（Sergey）是第二代表亲，共同的祖先是德米特里（Dmitry）和 阿纳斯塔西娅·约万诺维奇（Anastasia Jovanovic）。如果德米特里（Dmitry）和 阿纳斯塔西娅（Anastasia）是亚历山德拉（Aleksandra）和谢尔盖（Sergey）仅有的近代祖先，那么亚历山德拉（Aleksandra）和谢尔盖（Sergey）共享的 DNA 片段可以分配给这些祖先。

DNA Painter 由伦敦的系谱学家强尼·珀尔（Jonny Perl）于 2017 年创建。这个网站有免费会员版和付费订阅版。免费会员可提供单个染色体图，而付费订阅可提供多达 50 个染色体图和一些额外的订阅者高级选项。由于 DNA Painter 的染色体映射只需要片段信息（而不是来自测试公司的实际原始数据），因此该工具

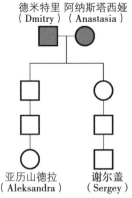

图A　可以合理地认为亚历山德拉（Aleksandra）和谢尔盖（Sergey）之间共享的任何 DNA 都可以追溯到他们共同的祖先德米特里（Dmitry）和阿纳斯塔西娅（Anastasia）

> **研究提示**
>
> **注意您的隐私**
>
> 虽然本章讨论的第三方网站有尊重和保护用户隐私的政策，但没有任何公司、服务或网站（包括测试公司）可以保证绝对的隐私。因此，只有在原始数据或测试结果的所有者提供明确许可的情况下，才能将原始数据或其他测试结果上传到第三方站点或由第三方站点访问。请注意，这也包括将 DNA 样本提供给第三方服务但不被视为原始数据或测试结果的所有者的人。

155

几乎不存在隐私问题。

DNA Painter 的染色体映射是一个手动过程，需要用户提供片段数据。如第 4 章所述，片段数据是关于两个人共享的 DNA 片段信息，包括染色体编号、染色体上的起始位置、染色体上的结束位置、片段的大小（以 cM 为单位）以及（可选）片段中匹配 SNP 的数量：

染色体	起始位置	结束位置	cM	匹配 SNP 的数量
3	36 495	10 632 877	25.72	4 288
4	140 320 206	177 888 785	39.99	7 591

DNA Painter 接受来自 23andMe、Family Tree DNA、GEDmatch、Living DNA 和 MyHeritage 的片段数据。AncestryDNA 不提供片段数据，因此不可能映射出 Ancestry 的匹配共享片段，除非您和匹配项都在一个数据库中测试或将数据传输到另一个数据库。

在 DNA Painter 创建帐户后，您必须提供片段数据才能开始这个映射过程。通常，染色体作图（使用或不使用 DNA Painter）是通过以下步骤实现的：

1. 确定一个已知的表亲：在其中一个测试公司中找到与您有共同祖先的一个亲戚。这个亲戚可以是您要求进行测试的表亲，也可以是您确定了家谱关系的随机基因匹配项。选择比一代表亲更远的表亲，因为那些更近的关系更难以映射，由于他们与你有太多共同的祖先。最好是那些在一条家谱线上共享大量 DNA 的表亲（即一组共同的祖先），例如半一代表亲、二代表亲和三代表亲。

2. 识别共享片段：使用染色体浏览器，识别您与已知表亲共享的一个或多个 DNA 片段。请参阅第 4 章，了解有关各个测试公司识别片段数据和使用染色体浏览器的信息（以及本章后面有关如何在 GEDmatch 中识别片段数据），复制或下载共享片段信息。

3. 映射共享片段：现在您有了共享片段信息，将该信息提供给染色体映射平台，并将它们与已知的表亲和已识别的共同祖先联系起来。DNA Painter 是可用于此目的的最简单的染色体作图平台之一，尽管一些系谱学家也可以使用电子表格和其他工具进行染色体作图。

　　染色体作图有很多好处。在稍后讨论的内容中，映射允许您在家谱追踪时穿越空间和时间。1号染色体上携带的一段DNA可能是通过一系列祖先传给您的，最终追溯到您的曾曾曾祖父。一旦绘制了它，您就可以追踪他的DNA到您的DNA的每一步，也许他是决定了您具有蓝眼睛基因的祖先。

　　染色体图谱还允许您制定、支持或拒绝有关与您正在研究的表亲的关系的假设。例如，如果您将一段DNA映射到特定祖先，并且新匹配项与您共享该DNA片段，则新匹配项很可能通过这些特定祖先与您建立关系（假设您已正确的分配了该片段DNA）。那个新匹配项可能是你们共同祖先的另一个后代。

　　图B显示了DNA Painter中染色体图谱的一部分。该图由23对染色体组成（每对的顶部拷贝是父本，而每对的底部拷贝是母本），映射的段显示为彩色块，图例显示哪些颜色对应于哪个祖先。例如，黄色片段是指个体从祖先西蒙（Simon）和米歇尔（泽尔）维尔纳［Michelle（Zehr）Werner］那里继承来的；并且其中许多片段已经确定。图像顶部的红色框显示了该个体已绘制的223个片段，约占其整个基因组的50%。

图B　DNA Painter为您提供有关DNA不同片段来源的详细分类。每对的顶部拷贝代表父系拷贝，底部代表母系拷贝。映射的段以颜色显示

　　既然这个人已经使用具有共同的已知祖先的遗传匹配项绘制了如此多的基因组，他们可以使用这些有价值的信息来探索共同祖先的未知匹配项。例如，图C是 DNA Painter 中 9 号染色体的放大视图。映射器在 9 号染色体上分配了三个 DNA 片段：

　　1. 他与玛丽·米勒（Mary Miller）共享的父系片段（粉红色）分配给共同祖先维克特（Victor）和克拉拉（安德希尔）威廉姆斯［Clara（Underhill）Williams］。

　　2. 他与南希·莱恩（Nancy Lane）共享的母系片段（黄色）分配给共同祖先西蒙（Simon）和米歇尔（泽尔）维尔纳［Michelle（Zehr）Werner］。

　　3. 他与韦恩布兰查德（Wayne Blanchard）共享的另一个母系片段（绿色）分配给共同祖先约翰（Johann）和伊丽莎（史密斯）弗里德里希［Eliza（Smith）Friedrich］。

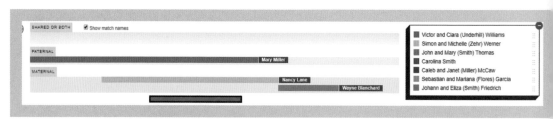

图C　一旦使用已知的基因匹配项绘制了测试者的染色体图，DNA Painter 就可以识别与其他未知匹配项共享的DNA片段。这为测试者开辟了新的研究机会

　　然后，通过映射器在一家测试公司中确定了一个新匹配项，他们共享 9 号染色体上的一段 DNA，并且该片段大致与红框所示的染色体位置对齐。这表明只要染色体图谱是正确的，新匹配项就可以通过维克特（Victor）和克拉拉（安德希尔）威廉姆斯［Clara（Underhill）Williams］（如果是父系匹配）或西蒙（Simon）和米歇尔（泽尔）维尔纳［Michelle（Zehr）Werner］（如果是母系匹配）与映射器相关联。由于这些是映射者获得该 DNA 片段的唯一祖先，因此如果映射是正确的新匹配项必须通过这些祖先之一进行关联（这是一直需要考虑的）。映射器可能会使用共享匹配项来确定，如新匹配项与玛丽·米勒（Mary Miller）匹配，这表明新匹配项是父系匹配，因此通过维克特（Victor）和克拉拉（安德希尔）威廉姆斯［Clara（Underhill）Williams］关联。这个方法是一

个强大的假设生成器。

其他 DNA Painter 工具

除了染色体作图，DNA Painter 还提供了多种用于常染色体 DNA 分析的工具。例如，DNA Painter 有一个交互式版本的 共享 cM 项目（在第 4 章中讨论），这是一个众包，收集了各种关系的共享 DNA 数量。在"工具"选项卡下，您将找到一个指向交互式共享 cM 项目的链接，您可以在其中输入共享 DNA 的数量，从而查看该 DNA 数量可以表明哪些关系。该工具还根据共享 DNA 的数量提供各种关系的概率，这些概率由 Leah Larkin 提供，是从 2016 年 3 月版 AncestryDNA 匹配白皮书中的图 5.2 中提取和分析出来的。

在图 D 中，测试者有一个与他们共享 250 cM 的匹配项，因此她在空白字段中输入 250 并收到概率和显示可能适合 250 cM 关系的图表。诸如 2C（二代表亲）、半 1C1R（半一代表亲）或 1C2R（二代表亲）等关系的概率大约为 62%；半 1C 或曾曾祖母 / 叔叔 / 侄女 / 侄子等关系的概率大约为 26%。这些不同的关系也显示在交互图中。

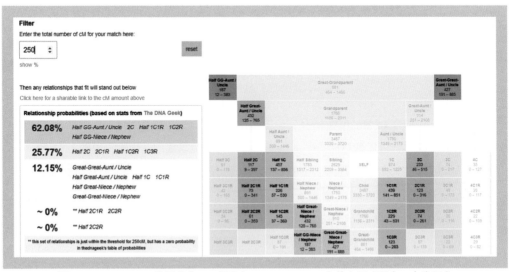

图D　DNA Painter 开发了共享 cM 项目（Shared cM Project）的交互式版本，允许用户输入共享 DNA 的数量，从而生成可能的关系

与往常一样，这些共享的 cM 数量和概率只是一个单一的证据，在没有重要额外证据的情况下不能证明或建立家谱关系。此外，存在近亲结婚、谱系崩溃或多重关系可能会破坏共享的数量和概率。

DNA Painter 还提供了一个名为"What Are The Odds?"的工具，或简称 WATO。WATO 允许用户在用户界面中构建一棵树，他们可以使用共享 DNA 和先前工具中讨论的概率来测试各种假设。例如，用户可能知道新的匹配项与单个家庭中的几个人有关，但可能不知道新匹配项究竟是如何匹配的。WATO 允许他们将新匹配项放在树中的两个或多个位置，并对这种关系准确的可能性或概率进行排序。因此，该工具可以建议（但不能证明）哪些可能的关系最有可能。这对被收养者、错误父母的人以及其他家庭关系不明的情况非常有帮助。

这只是对系谱学家可用的最友好的第三方 DNA 工具之一的简要介绍，建议利用这个工具来绘制您的染色体并用新的匹配项来制定假设。

GEDmatch

目前为止，最受欢迎的第三方工具之一是 GEDmatch。GEDmatch 由柯蒂斯·罗杰斯（Curtis Rogers）和约翰·奥尔森（John Olson）捐款并耗费时间创建。2015年 10 月，GEDmatch 报告说："其拥有 130 000 多名注册用户，其 DNA 数据库中有超过 200 000 个样本，其谱系数据库中有超过 7 500 万个人。"数据库中的 20 万多个样本是 atDNA 原始数据结果，已由用户从其中之一的测试公司上传到 GEDmatch。

在 2018 年底和 2019 年初，GEDmatch 从 GEDmatch 数据库更新到名为 GEDmatch Genesis 的数据库。Genesis 是 GEDmatch 数据库的新版本，根据 DNA 测试公司的测试变化进行更新。旧数据库（和临时界面）中的所有 GEDmatch 套件都已迁移并合并到 Genesis 数据库中。

一些新的 DNA 测试能检查到测试者基因组上的位置更少，从而减少了从一家公司到另一家公司的重叠量。具体来说，一些公司使用的 SNP 芯片检查的 SNP 较少，当用户比较来自不同 SNP 芯片的结果时，这可能会导致片段匹配问题。为了解决这个问题，GEDmatch 创建了 Genesis 数据库：（1）接受来自更新 SNP 芯片公司的上传；（2）比较这些较新的 SNP 芯片和其他 SNP 芯片的测试结果。

　　使用 GEDmatch 的第一步是创建一个免费账户。有了配置文件后，就可以访问 GEDmatch 工具并上传新的原始数据结果用于处理，并包含进入数据库中。如图 E 所示，GEDmatch 的主页包括几个面板，每个面板具有不同的信息。在"文件上传"面板中，您会找到带有分步说明的链接，这些分步说明用于从测试公司下载原始数据并将其上传到工具。

　　原始数据文件成功上传到 GEDmatch 后，将被分配一个"套件编号"。每个测试公司都有一个用套件号表示的指定字母，套件号中的第一个字母代表测试公司。例如，套件 M123456 之所以如此命名是因为套件的结果来自 23andMe（M），而套件 A123456 则来自 AncestryDNA（A）的结果，T123456 代表来自 Family Tree DNA 的结果（T），H123456 来自 MyHeritage（H）。其他字母（如 Z）可能代表

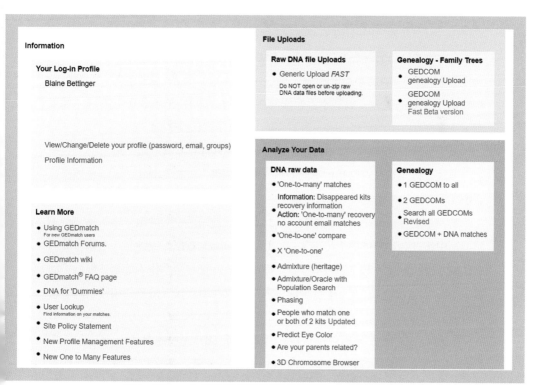

图E　GEDmatch 有许多工具可用于分析您的 atDNA 测试结果

与这些测试公司之一无关的套件。

某些工具可立即用于新更新的结果，而原始数据必须处理一两天后才能用于其他工具。有兴趣了解其 atDNA 测试结果的遗传谱系学家应在 GEDmatch 上尝试使用该工具，并随着站点的不断发展和开发新工具和功能的发展而继续进行检查。

GEDmatch 提供了许多免费工具，我们稍后将详细讨论其中一些。最重要和最常用的是：

"一对多"匹配：将单个套件的原始数据与 GEDmatch 数据库中所有其他套件的原始数据进行比较（120 000 并不断增长），以识别遗传表亲，这些表亲共享的 DNA 量超过共享量临界点。共享阈值（可以手动调整为更高或更低）为 7 cM，这意味着两个人必须共享一个 7 cM 或更长的 DNA 片段，才能被"一对多"鉴定为遗传表亲。

"一对一"比较：将单个套件的 atDNA 数据与另一个套件的 atDNA 数据进行比较，以识别套件之间共享的 atDNA 的片段是否超过共享阈值（如果有）。用户可以手动将共享阈值调整为高于或低于默认的 7 cM。

X "一对一"：将单个套件的 X 染色体 DNA（X–DNA）数据与另一个套件的 X–DNA 数据进行比较，以识别上述套件之间高于共享阈值的 X–DNA 片段（如果有）。用户可以手动将共享阈值调整为高于或低于默认值 7 cM。

混合：在此过程中，程序将使用几种专有种族计算器其中之一对 atDNA 数据进行种族分析。其可以以几种不同的格式提供结果，包括百分比，在染色体浏览器中或以饼图的形式等。

与一个套件或两个套件匹配的人：这种方式使用两个套件编号来识别三个不同类别中超过共享阈值的遗传表亲：（1）GEDmatch 数据库中的套件与输入的两套件编号都匹配；（2）GEDmatch 数据库中的套件仅与两个输入的套件编号中的第一个匹配；（3）GEDmatch 数据库中的套件仅与两个输入的套件编号中的第二个匹配。

您的父母有亲戚关系吗？这决定于套件的 atDNA 数据是否具有与父母双方相同的任何 DNA 片段。这意味着染色体的两个拷贝在该位置均具有相同的 DNA，并且是从相同的祖先那里继承的。如果父母有亲戚关系，可能会发生这种情况。

除了 GEDmatch 上的免费工具外，您还可以购买一组称为"第一层工具"的应用程序，每个月的使用费为 10 美元。这些工具是为更高级的用户设计的：

一对多匹配：这个工具类似于免费的一对多匹配，但有一些额外的选项。例如，匹配的数量没有限制。此外，第一层一对多匹配工具显示匹配的年龄并具有额外的过滤选项。

匹配片段搜索：这可以组织和显示套件与 GEDmatch 数据库中其他套件共享的所有 DNA 片段。

关系树投影：这基于 atDNA 和 X-DNA 共享以及遗传距离来计算两个 GEDmatch 套件之间的可能关系路径。这是一个高度实验性的工具，应谨慎使用。

Lazarus：这个应用会建立代表最近祖先的替代套件。通过将最近祖先的后代（第 1 组）的 DNA 与祖先的非后代亲属（第 2 组）的 DNA 进行比较，可以找到替代套件的 DNA 片段。组 1 和组 2 之间共享的任何 DNA 片段都分配给最近祖先的替代套件。

三角剖分：此工具从 GEDmatch 套件的共享阈值以上（默认值为 7 cM）的匹配项中识别为"三角剖分组"。"三角测量组"是一组三个或更多的 GEDmatch 套件，它们都彼此共享一个共同的 DNA 片段。

三角剖分组：此工具将三角剖分的匹配项分组在一起。

My Evil Twin Phasing：这个工具需要至少一个父母和一个孩子的 DNA，创建一个新的 GEDmatch 套件，其中包含孩子未继承的父母的 50% DNA。

一对多匹配工具

由于"一对多"工具将一个套件的 atDNA 数据与 GEDmatch 数据库中的其他套件进行比较，因此您可以在其他公司的数据库中"钓鱼"而无需在此处进行测试。实际上，第三方工具是将一个公司的原始 DNA 数据与另一公司的原始 DNA 数据进行比较的唯一方法。使用此工具，您可以从 GEDmatch 数据库中识别出 1 500 个遗传表亲。如果您在每家测试公司都进行过测试，那么您不太可能在 GEDmatch 上使用一对多工具找到任何新的匹配项。但是，由于每个匹配项都与一个电子邮件地址相关联，因此您可能能够找到一个电子邮件地址，并可能从测试公司中识别出一个无响应的匹配项。一对多工具的好处之一是用户可以调整匹配设置。虽然识别遗传表亲的默认阈值是至少一个 7 cM 或更大的片段，但用户可以减少或增加阈值。

一对多分析在数据库中创建一个表，其中包含与查询套件共享一段 DNA 的最接近的 2 000 个匹配项，该列表按照共享最多 DNA 的套件到共享最少 DNA 的套件（直至共享阈值）进行排序（图 F）。图中的每一行都是一个与查询工具包共享 DNA 的工具包。每行提供套件所有者的性别，线粒体 DNA（mtDNA）或 Y 染色体 DNA（Y-DNA）单倍群（如果该匹配套件的拥有者已提供了该信息），两种套件之间共享的 DNA 总量，两种套件之间共享的最大 DNA 片段，估计两个套件之间的世代数，两种套件之间共享的 X-DNA 总量（如果有），两种套件之间共享的最大 X-DNA 片段（如果有），套件所有者的电子邮件地址。

由于提供了每个匹配项的电子邮件地址，因此您可以联系其他用户以识别与该匹配项的共同祖先。此外，您可以将与匹配项共享的 DNA 总量与已发布的关系估计值进行比较，以推测与该匹配项可能存在的关系。如第六章所述，国际遗传谱系学会的 Wiki 页面"常染色体 DNA 统计"（www.isogg.org/wiki/Autosomal_

Kit Nbr	Type	List	Select	Sex	Haplogroup Mt	Haplogroup Y	Autosomal Details	Autosomal Total cM	Autosomal largest cM	Autosomal Gen	X-DNA Details	X-DNA Total cM	X-DNA largest cM	Name	Email
▼ ▲					▼ ▲	▼ ▲								▼ ▲	▼ ▲
	F2	L	☐	F			A	785.8	67.9	2.1	X	72.5	25.6		
	F2	L	☐	F	A2w	G	A	743	63.3	2.1	X	105.8	84.5		
	F2	L	☐	F	A2w		A	710.1	52.6	2.2	X	113.3	69.3		
	F2	L	☐	M		G	A	712.5	49.6	2.2	X	112.8	69.1		
	F2	L	☐	M		G	A	574.8	68	2.3	X	89.5	69.1		
	V3	L	☐	F	A2		A	595.9	48.6	2.3	X	122.6	84.5		
	F2	L	☐	M	A2	R1b	A	300.3	47.6	2.8	X	43.5	17		
	V2	L	☐	M	A2	R1b	A	300	47.6	2.8	X	27.6	15.5		
	F2	L	☐	M	H	R1b	A	123	47.6	3.4	X	0	0		
	V4	L	☐	U			A	117.8	29.1	3.5	X	0	0		
	F2	L	☐	F			A	97.8	25.1	3.6	X	5.8	5.8		
	F2	L	☐	F			A	97.8	25.1	3.6	X	5.8	5.8		
	F2	L	☐	M	L2b	R-M269	A	87.7	25.1	3.7	X	0	0		
	F2	L	☐	M	H	R1b	A	85.3	24.4	3.7	X	0	0		
	F2	L	☐	F			A	70.2	32.2	3.8	X	17.3	17.3		
	F2	L	☐	M			A	60.8	15.9	3.9	X	0	0		
	F2	L	☐	F			A	55.7	25.2	4	X	0	0		
	V4	L	☐	M	HV4	R1b1b2a1a	A	56.2	20.9	4	X	0	0		

图F 一对多分析会将您的数据与所有其他GEDmatch用户的数据进行比较。出于隐私保护的目的，套件编号、名称和电子邮件地址已被删除

DNA_statistics）包含一个表格，该表格显示了各种不同关系的 DNA 的预测总数量，以及共享 cM 项目中的表格。

一对一比较工具

一对一工具将单个套件（"查询套件"）的 atDNA 数据与另一个套件的 atDNA 数据进行比较，以识别套件之间共享的 atDNA 的每个片段（如果在共享阈值以上）。用户可以手动将共享阈值调整为高于或低于默认值 7 cM（不过，如第 4 章所述，小于 7 cM 的片段通常是错误匹配）。

一对一工具可以创建共享片段的表或共享片段的图形显示。图 G 显示了隔了一辈的一代表亲共享的 DNA 片段表，共享阈值设置为 7 cM。这些隔了一辈的一代表亲共享 22 个 DNA 片段，范围从最大的 47.3 cM 到最小 8.0 cM。对于每个共享片段，"一对一"工具提供共享片段所在的染色体，以及该片段在染色体上的开始和终止位置。

相同的信息可以在染色体浏览器中提供，它（如第 4 章所讨论的）显示了共享片段在每条染色体上的位置。在图 H 中，将相同的一代表亲的共享阈值设置为 7 cM 时进行比较。带有蓝色条下划线的片段是高于匹配阈值的 DNA 片段，表示与一代表亲共享。因此，蓝条仅表示已识别出达到或高于阈值的匹配片段，灰色、黑色或红色表示在这些位置没有匹配的 DNA。

尽管当前的染色体浏览器仅显示一条染色体，但请记住，测试者实际上有两条染色体：一条来自母亲，一条来自父亲。"半匹配"（以黄色显示）表示一条染色体上该位置的 DNA 匹配。没有更多信息就无法确定它是哪条染色体，在这种情况下，它应该是父系染色体，因为这是父系的隔了一辈的一代表亲。

如果任何一个片段都是"完全匹配"（以绿色显示），则隔了一辈的一代表亲将在两个染色体拷贝上共享 DNA 片段。这种情况在亲兄弟姐妹中比较常见，如图 I 所示。在第 21 号染色体上，这些兄弟共享三个蓝色条的 DNA 片段。尽管只有两个蓝色条，但是染色体左侧的蓝色条的一部分包含一个完全匹配项（再次以绿色显示）。其中，两个兄弟均从各自的父母那里继承了 DNA。但是，将表格与图进行比较，可以看出 GEDmatch 仅提供了一半片段的开始和结束位置。

Minimum threshold size to be included in total = 700 SNPs
Mismatch-bunching Limit = 350 SNPs
Minimum segment cM to be included in total = 7.0 cM

Chr	Start Location	End Location	Centimorgans (cM)	SNPs
1	242 558 207	247 169 190	8.7	1 159
2	10 942 071	16 659 951	11.1	1 504
3	36 495	2 922 575	8.0	1 170
4	29 056 005	40 396 996	12.5	2 375
4	87 070 584	107 109 819	15.5	3 782
4	160 107 672	178 004 613	19.5	3 665
5	163 444 318	169 013 893	10.3	1 525
6	148 878	6 003 774	17.2	2 015
8	22 256 093	38 441 503	18.2	3 744
9	85 487 489	91 480 694	10.2	1 622
13	34 150 290	76 233 170	39.9	10 411
16	22 904 565	62 443 241	37.1	6 271
16	78 825 386	85 240 531	22.6	3 317
17	45 469 867	74 069 538	47.3	7 144
18	11 769 857	36 203 700	23.1	5 267
21	31 141 929	35 847 942	8.7	1 363
22	43 902 055	49 528 625	18.8	2 127

Largest segment = 47.3 cM
Total of segments > 7 cM = 328.8 cM
Estimated number of generations to MRCA = 2.7

图G 一对多分析会将您的数据与所有其他GEDmatch用户的数据进行比较

图H 您可以在染色体浏览器中查看您的一对一比较结果。黄色表示测试者和匹配项在该染色体的一个拷贝上共享的染色体部分（半匹配），而绿色表示这两个染色体上共享的DNA的位置（完全匹配）。红色表示测试者和匹配项在染色体的任何一个拷贝上都不共享碱基对（请注意，该报告可以生成全部22条染色体；为节约空间，此图片仅显示12号和13号染色体）

Chr	Start Location	End Location	Centimorgans (cM)	SNPs
21	9 849 404	24 863 804	25.1	2 989
21	34 176 163	46 909 175	31.4	4 220

Chr 21

Image size reduction: 1/10

图I　兄弟姐妹应共享两条染色体的大部分。蓝色条以及绿色和黄色表示这两个兄弟在21号染色体上共享的部分

X 染色体一对一工具

X 染色体一对一工具将单个套件（查询套件）的 X–DNA 数据与另一个套件的 X–DNA 数据进行比较，以识别上述套件之间达到共享阈值的 X–DNA 的每个片段。用户可以手动将共享阈值调整为高于或低于默认的 7 cM。X 染色体一对一工具的输出可以是以表格的形式显示共享片段，也可以是以染色体浏览的形式显示共享片段，类似于 atDNA 一对一工具。

您的父母有亲戚关系的工具

您的父母有亲戚关系吗？该工具可确定套件中的 atDNA 数据是否具有来自两个亲本的 DNA 的任何片段，这意味着染色体的两个拷贝在该位置具有相同的 DNA（即从相同的祖先继承）。两个染色体上共享的 DNA 片段称为纯合运行（ROH）。例如，如果父母有亲戚关系，可能会发生这种情况。分析结果显示在染色体浏览器中（图J），高于 7 cM 的任何 ROH 均显示为黄色，并用蓝色下划线标志。

个人从父母双方共享一个或两个小片段 DNA 的情况并不少见，这意味着父母之间可能有远距离的亲缘关系。然而，在某些人群中，存在近亲结婚和生育的情况，这些 ROH 出现的更为普遍。AYPR 工具最常见的用途之一是确定一个人是否可能是乱伦的结果，这将显示尽可能多的共享片段。

AYPR 工具有一些相应的局限性。例如，AYPR 只能检查测试者的相关性。因此，如果测试者的父母之一有其他外遇，这将不会通过 AYPR 分析显示。测试者的父母可能因有血缘关系而共享 DNA，但该工具并不总是能检测到这种关系。

167

例如，如果测试者的母亲和父亲是三代表亲，并且在 2 号染色体上共享来自共同祖先的一个片段，则 AYPR 工具将仅在以下情况下检测这种关系：（1）父亲传递了该片段，该片段只有 50% 的几率发生；（2）母亲传递了这个片段，只有 50% 的几率发生。

Chr	Start Location	End Location	Centimorgans (cM)	SNPs
11	44 972 997	102 187 495	42.8	12 493

Chr 11

Image size reduction: 1/36

图J GEDmatch有一个工具，将帮助您确定你的父母是否有亲戚关系。结果表明，接受测试者的父母都从一个共同的祖先继承了黄色标示的DNA（称为纯合的运行，或ROH）

DNAGedcom

DNAGedcom 是遗传谱系学家常用的另一种第三方工具（图 K）。该网站由 Rob Warthen 创建，于 2013 年 2 月启动，其工具允许从 23andMe 和 Family Tree DNA 下载重要数据文件。它还具有 GEDCOM 比较、共同分析和三角剖分的第三方工具。

Warthen 不断改进现有工具并开发新工具。与 GEDmatch 一样，系谱学家监控这个工具和其他第三方工具对于跟上新工具的发展具有重要的意义。

使用 DNAGedcom 的第一步是创建一个免费帐户。用户拥有个人资料后，就可以访问 DNAGedcom 工具，包括以下各个工具：

DNAGedcom 客户端：此工具仅对订阅者可用（会员 > 订阅者信息），是用户下载到计算机的小型软件应用程序。客户端允许用户从多家测试公司下载数据，包括 23andMe、AncestryDNA、Family Tree DNA 和 MyHeritage。可以下载的数据包括匹配项和共享匹配项的电子表格。

常染色体 DNA 片段分析器（ADSA）：该工具利用 Family Tree DNA 或

图K　DNAGedcom的工具与来自三大主要测试公司的数据兼容

GEDmatch 数据在浏览器中生成包含匹配项信息、片段信息和共同点（ICW）信息的表格。该工具可以对三人或更多人的组之间的匹配段进行三角测量，但是这个工具并不能提供完美的三角测量，因为它仅依赖于 ICW 信息。

　　JWorks：此工具下载的 Excel 工具生成一个电子表格，其中包含匹配项之间重叠的片段和 ICW 状态，从而有助于识别潜在的三角剖分组。该工具需要三个组件：（1）染色体浏览器数据（片段数据）；（2）完整的匹配项清单；（3）ICW状态。

　　KWorks：这将生成一个电子表格，其中包含重叠的片段以及匹配项之间的 ICW 状态，这有助于识别潜在的三角剖分组。KWorks 是 JWorks 的在线版本，与 JWorks 一样，该工具需要三个组件：（1）染色体浏览器数据（片段数据）；（2）完整的匹配项清单；（3）ICW 状态。

169

GWorks：这个工具用于比较家族树信息以识别共享的祖先。GWorks 还可以对家族树信息进行排序和筛选，并对家族树执行布尔搜索。该工具可以使用用户上传的 GEDCOM，使用 DNAGedcom 客户端从 AncestryDNA 的匹配项中下载家谱信息（或者测试者可以使用另一种第三方工具 AncestryDNA Helper），以及使用 DNAGedcom 的下载家谱 DNA 数据工具（Family Tree DNA>Download Family Tree DNA Data）从 Family Tree DNA 的匹配中提取家谱信息。

常染色体 DNA 片段分析仪（ADSA）

常染色体 DNA 片段分析仪（ADSA）是一种从 Family Tree DNA 或 GEDmatch 中获取数据并生成在线表格的工具，该表格包含测试者的匹配信息、片段信息和便于三角剖分的颜色编码的 ICW 信息（图 L）。

每个匹配都映射到染色体上，重叠的片段彼此相邻放置（图 M）。如果将鼠标悬停在共享的片段表上，该工具将提供诸如姓氏、建议的关系和匹配片段之类的信息。您可以针对单个染色体或所有染色体运行该工具，并且可以提高或降低最小匹配片段的大小（尽管 DNAGedcom 强烈建议最小共享阈值为 7 cM，使输出的结果可管理且可靠）。

请注意，这是伪三角剖分，而不是真实的三角剖分。真正的三角剖分需要有以下信息：是否实际上共享了一个明显重叠的部分，而不仅仅是两个人都共享了 DNA。在 ADSA 和类似的工具中，测试者仅从 ICW 信息中知道，测试人 A、测试

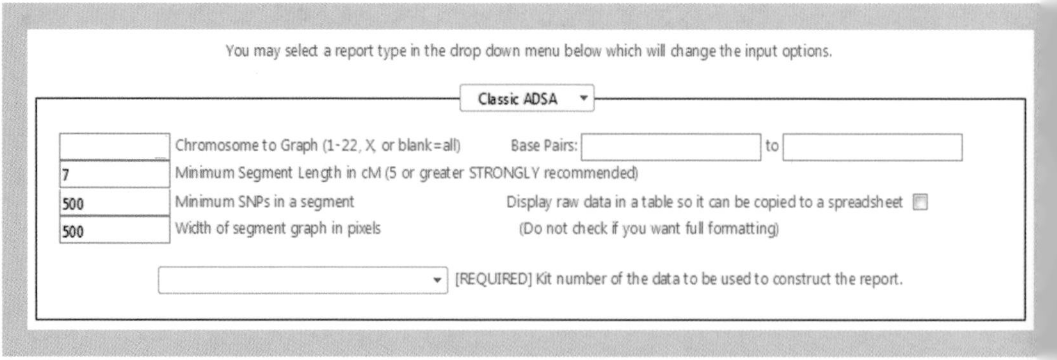

图L　常染色体DNA片段分析仪（ADSA）将三个或更多测试者的匹配片段进行三角测量

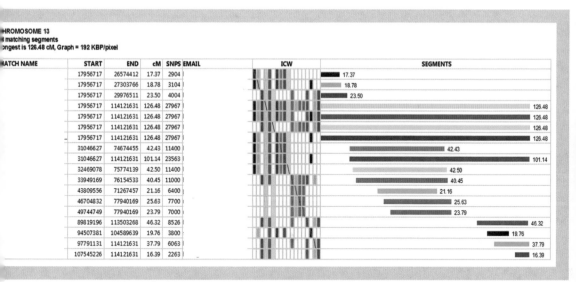

图M　ADSA结果会告诉您与其他用户共享的DNA数量，但无法准确指出您共享的DNA片段。为保护隐私，已删除了匹配项的名称和电子邮件地址

人 B 和他本人都共享一些共同的 DNA。目前尚不清楚测试人 A 和测试人 B 共享哪些片段。因此，测试人 A 和测试人 B 可能共享相同的识别片段（根据我的经验，这是常见的），或者他们可能共享一个完全不同的 DNA 片段。无论如何，ADSA工具对于识别潜在的三角剖分组非常有用，然后可以通过与该团体的成员联系进行探索。

其他工具

除了 GEDmatch 和 DNAGedcom 外，家谱学家还可以使用许多其他第三方工具来最大化遗传谱系经验。以下是 atDNA 的一些最常用的第三方工具列表：

David Pike 的实用程序是一个免费的，全面的工具套件，可用于几个高级定相和分析原始数据，包括搜索 ROH 和在两个文件中搜索共享的 DNA。与其他第三方工具不同，David Pike 的实用程序在您的浏览器中运行，这可以解决一些人不愿意将原始数据上传到第三方站点的隐私问题。

DNA Land 是用于分析种族和查找遗传表亲的免费工具。该工具由哥伦比亚大学和纽约基因组中心的学者运行。

Genome Mate Pro 是一款功能强大的免费计算机程序，可将 23andMe、AncestryDNA、Family Tree DNA 和 GEDmatch 等来源的数据组织到一个工作文件中。其信息存储在本地计算机上，这有助于维护数据的隐私性。

Promethease 是一个文献检索系统，可以根据科学文献以及 23andMe、AncestryDNA 和 Family Tree DNA 的测试者原始数据文件创建个人 DNA 报告。报告包含有关健康和血统的信息，以及其他几个新选项。Promethease 的成本具有可变性，具体取决于所使用的原始数据文件以及一次分析多少个不同的原始数据文件。

片段作图器是一个免费的、功能强大的作图工具，可在图形染色体样式图中显示特定的 DNA 片段。

另请参阅国际遗传谱系学会 Wiki 上的免费和付费第三方工具列表。

核心概念：第三方常染色体 DNA 工具

* atDNA 测试者可以使用许多不同的免费和付费第三方工具

* DNA Painter 是一个第三方网站，允许测试者将共享的 DNA 片段映射到他们的祖先

* GEDmatch 是最受欢迎的第三方网站，并为用户提供了许多不同的工具，包括查找可能在其他测试公司进行过测试的基因表亲的能力

* DNAGedcom 是一个非常受欢迎的第三方网站，它为测试者提供了强大的数据收集和分析工具

* 在使用第三方工具之前，请考虑可能引起的潜在隐私问题。此外，在原始数据上传到第三方站点之前，请拥有 DNA 使用权限的人进行操作

第三方程序入门清单

有了这么多的第三方工具，很难知道要使用哪些工具以及它们的优势。如果您有兴趣尝试使用这些工具，并且轻松地分析原始数据（包括可能将原始数据上传到网站），那么每个新的测试人员都应采取以下步骤：

从测试公司下载原始数据。如果您已经在两个或三个测试公司测试过，则只需要选择一个测试公司。如本章前面所述，您可以在GEDmatch的"文件上传"面板中找到一步一步的说明链接，以从各测试公司下载原始数据。如果您希望避免泄露健康信息的潜在危害，则最好使用AncestryDNA或Family Tree DNA原始数据。

在GEDmatch创建免费配置文件，上载原始数据。现在，您可以使用GEDmatch提供的任何免费工具。

运行DNA文件诊断实用程序。使用它来确保您的套件已正确上传和处理。由于完全处理套件需要花费一些时间（通常为数小时或一两天），因此您可能必须等待执行此分析。如果出现任何红色警告标志，说明您的套件未正确处理。请按照提供的说明进行操作，或者删除您的套件并重新加载原始数据。

运行"您的父母是否有亲戚关系"的工具。我建议将此测试用于上传到GEDmatch的每个套件，因为这将揭示该家族双方是否都共享重要的DNA。如果发现测试者的母亲和父亲共享DNA，就意味着他们拥有相同的祖先，并可能对随后的家谱研究产生重大影响。但是，大多数套件都会报告"没有发现共享的DNA片段"。

运行一对多匹配工具。这样做是为了在GEDmatch上搜索遗传亲戚，特别是如果您尚未在这三家公司都进行过测试。我建议您在初次搜索时将阈值提高到15 cM或更高（默认值为7 cM），因为您将只专注于最接近的匹配项。

掌握了这些步骤后，即可开始探索GEDmatch上的其他工具以及其他第三方工具。

第 9 章

种族估计

对 37%的英国血统的预测有多可靠？为什么您确认的德国或意大利血统
没有出现在您的种族预测中？您可以通过更多地了解每个主要测试公
司提供的种族估计数以及测试者的常染色体 DNA（atDNA）测试结果
来回答这些问题。虽然有些人认为这些估算是万无一失的，但种族估算仅是测试
公司的一种算法，用于计算与特定大陆、地区或国家相关联的测试者的 DNA 百分
比。不幸的是，种族预测仍然是一门新兴且发展中的科学，并且这些种族估计还
受到一些限制，使它们在家谱研究中的适用性降至最低。

什么是种族估计？

种族估计（也称为混合估计或生物地理估计）是通过将这些人群与参考人群
进行计算比较，最终将测试者的 DNA 分配给世界上一个或多个人群的过程。根据
DNA 最有可能在最近某个时间点来自某人群的假设，将测试者 DNA 的各个片段

分配给它们最匹配的参考人群。将测试者整个基因组上的所有分配加在一起，以创建总体种族估算。

我们来看几个有关种族估计的示例。在图 A 中，测试者雅各布·阿姆斯特朗（Jacob Armstrong）在 atDNA 测试公司进行了测试，并获得了种族估计以及他的遗传匹配清单。该估算提供了他的种族类别，四个类别的比例分别为：非洲（10%）、亚洲（12%）、欧洲（78%）和美洲原住民（0%）。在图 B 中，接受测试的米莉·富勒（Millie Fuller）的估算更为具体，英国为 34%，爱尔兰为 28%，意大利 / 希腊为 14%，伊比利亚半岛为 13%，斯堪的纳维亚半岛为 11%。

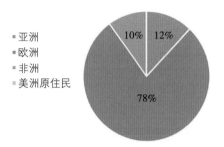

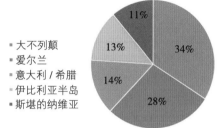

图A　一些种族估计一般指定的种族类别　　　图B　DNA测试公司有时会提供涉及特定国家或地区的种族估计

通常，使用更宽泛的类别进行估算，结果将更准确，因为遗传学家更容易区分大洲（如欧洲与亚洲），而不是区分现代国家（如德国与法国）。结果，雅各布的结果（虽然不够具体）却比米莉更准确，因为雅各布的结果仅表明他的 DNA 与特定大陆匹配，而不是特定国家或地区。

参考人群或面板

如前几章所述，DNA 分析通常依赖于测试者的 DNA 与参考样品之间的比较。种族估计的操作方式与之相似，因为遗传学家将测试者的 DNA 与从已知地点获得的参考样品进行比较。

大多数种族估计的目的是确定测试者的 DNA 在 500 ~ 1 000 年前的哪里发现的。因此，一个完美的参考种群或样本将由 500 年前从种群中获得的 DNA 样本组成。由于这是不可能的，因此研究人员通常利用其祖父母确定来自特定集中地点（如县或村）的人的 DNA。虽然这不是理想的过滤器，但确实有助于制定更准确的参考面板。

图 C 是一张理论地图，显示了来自世界各地的 14 个参考人群。该地图中的某些参考人群（如欧洲的参考人群）代表了一个相对较小的区域，DNA 公司认为他们已经对本地人口进行了充分的采样。其他地区（如亚洲）的采样不足，因此参考人口占很大的区域。

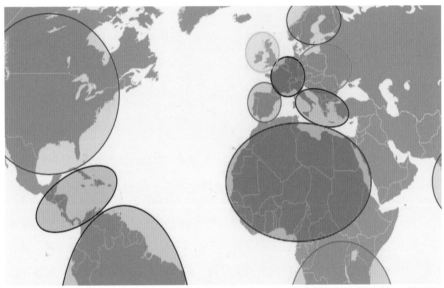

图C　测试公司根据收到的DNA样本分配参考人群。由于公司在欧洲和北美采样的DNA数量超过了其他地区，因此与南美、非洲、亚洲或澳大利亚和大洋洲相比，这些公司可以在这些地区创建更多的参考人群

请注意，参考面板的大小和多样性是种族估计准确性的重要因素。例如，将测试者的 DNA 与仅包含欧洲参考人群的数据库进行比较，将不会对具有美洲原住民或非洲血统的人产生有用的结果。

每个测试公司都有自己的参考面板：

23andMe 利用一个来自世界各地的 10 000 多人的数据库作为其种族参考面板，所有这些人都有相对知名的祖先。23andMe 的参考人口来自 23andMe 的客户和公共资源。

AncestryDNA 使用了一个参考面板，其中包含来自全球 26 个地区的人们的 3 000 多个 DNA 样本。

Family Tree DNA 的参考面板由来自 24 个不同种群的众多个体组成。

Living DNA 将测试者的 DNA 分配给全球 52 个地区和 80 个不同的人群。如果种族分析的结果表明测试者有英国血统，Living DNA 还会提供英国境内的另外 21 个地区。

MyHeritage 将测试者的 DNA 分配到全球 42 个地区。2017 年，MyHeritage 使用 "Founder Populations Project" 增加了他们的参考人口，其中超过 5 000 名精选的 MyHeritage 用户（那些声称家谱在同一地区或种族中扎根多代的人）接受了免费的 DNA 测试并允许 MyHeritage 的科学团队将他们的结果用于参考人群。

这些公司持续的将来自新个体和新人群的 DNA 添加到参考面板中。

在未来几年中，参考面板可能至少以两种方式继续改进。首先，发展中的参考面板将可能有来自更广泛人群的更多个人。其次，参考面板将可能收集全球各地的古代遗骸中获得的更多古代 DNA 样本。加上其他改进，这些补充将有助于 DNA 测试公司大大提高其种族估计的准确性。

来自三巨头的种族估计

与表亲匹配一样，种族估计是三大测试公司对您的 DNA 的两种主要解释之一。每个测试公司都提供非常广泛的地区（包括非洲、亚洲、美洲和欧洲）估计，并且每个公司都尝试将这些地区划分为较小的类别，通常以现代国家为基础。有关更多详细信息，请参阅本章末尾的 "全球区域比较工作表"。

如果您在这三家公司都进行测试，则应该期望您的种族估计会有所不同。下表是每个公司中同一个人的实际种族估计（四舍五入到最接近的百分比）：

地区	23andMe	AncestryDNA	Family Tree DNA	Living DNA	MyHeritage
非洲	1%	2%	0%	0%	1%
亚洲	0%	2%	7%	2%	1%
美洲原住民	3%	3%	2%	3%	5%
欧洲	96%	93%	90%	95%	91%

正如我们在本章前面了解的那样,这些差异并不意味着这个估计是正确的,而另一个估计是不正确的。公司使用的参考人口和种族分析算法的差异必然会导致估算值的差异。

在多家公司进行测试时,请记住这些差异是可以预期的。与其寻找相同的预测,不如寻找趋势或模式。例如,根据表中的结果,此人显然主要是欧洲人,很可能也贡献了2% ~ 3%的美洲原住民。非洲和亚洲的估计值有些可疑,因此可能需要进行其他研究或分析。

AncestryDNA

通过这个DNA测试,AncestryDNA提供了至少26个不同全球区域的估计值,这个数字已经增长了好几倍。

这是测试的工作原理。AncestryDNA获得测试者的DNA后,种族算法将测试者的DNA切成1 001个称为"窗口"的部分,并使用测试的700 000个SNP中的约300 000个SNP来检查种族。每个窗口实际上包括来自两条染色体的DNA,一条来自妈妈,一条来自爸爸。每个窗口覆盖一条染色体的一部分并且足够小(如3 ~ 10 cM),以至于任何给定窗口中来自妈妈的DNA和来自爸爸的DNA可能都来自一个单一的种族,尽管不一定相同。

每个窗口都单独与参考面板进行比较,以确定它来自面板中每个群体的可能性。Ancestry然后使用一系列复杂的估计和概率为窗口分配一个或两个可能的区域,这取决于窗口中来自妈妈的DNA和来自爸爸的DNA是来自同一种群(即一个区域)还是来自两个不同的人群(即两个地区)。Ancestry对所有窗口执行此操作，并提供总数作为种族估计值，并附有百分比范围（估计值的不确定性报告）。

例如，在图 D 中，测试者收到的估计值为 50% 的法国人，这可能是指来自法国人的 DNA 百分比。单击"法国（France）"会显示范围，即 45% ~ 65%。因此，虽然测试者最有可能的百分比是 50%，但重要的是，一定要意识到根据此特定分析，该数量可能介于 45% ~ 65%。

AncestryDNA 在种族估计界面中为测试者提供信息。例如，我从 AncestryDNA 中获得的种族估计值显示在图 E 中，每个区域的值是该区域最可能的百分比，单击每个单独的区域将扩展该区域以显示范围。例如，我的爱尔兰和苏格兰的种族估计是 9%，范围是 0 ~ 12%。

有关 AncestryDNA 种族估计的更多信息，请参阅 AncestryDNA 种族估计白

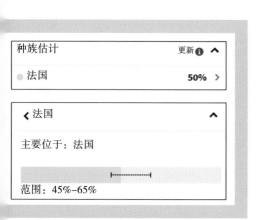

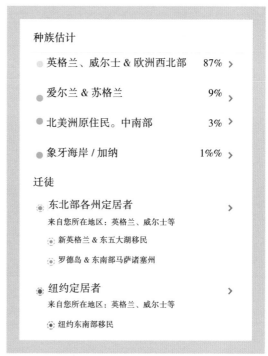

（图D） 尽管 AncestryDNA 报告该测试者的种族为50%的法国人，但估计值实际上可能高达65%或低至45%

图E　AncestryDNA 将提供预测的种族列表。您可以单击每个以更好地了解估计中的潜在差异，并查看国家或地区的历史记录

179

皮书。该公司还提供了另一种基于遗传的工具，用于识别大型迁移群体，我们在AncestryDNA 的遗传社区侧边栏中进行了讨论。

23andMe

像 AncestryDNA 一样，23andMe 也从测试者的 DNA 序列开始，然后使用称为"Finch"的专有计算机算法对 DNA 进行定相。定相是指将测试者的 DNA 序列分为母亲提供的 DNA 和父亲提供的 DNA。通常，通过将孩子的 DNA 与父母 DNA 的其中之一或两者进行比较来进行定相。但是，对于自动定相，该算法使用统计分析来分离每个父母对测试者 DNA 的贡献。该程序试图将 DNA 分为两个不同的贡献者，但它不知道哪个贡献者是母亲，哪个贡献者是父亲。

接下来，23andMe 将染色体分成短的、不重叠的、大约 100 个标记的相邻片段（每个染色体大约 50 ～ 400 个片段）。然后将每个片段与 23andMe 的参考人群进行比较，以确定哪个参考人群与片段最相似。

然后，23andMe 流程会更正分配中的几种不同类型的错误。例如，该算法通过纠正大概率不正确的分配来"平滑"数据。如果数据显示分配给总体 A 的行中连续有十个片段，在中间被单个分配给总体 B 的片段而中断，则平滑算法会将分配更改为总体 A。平滑算法还将纠正定相错误，称为"切换错误"，即将一个亲本的 DNA 与另一亲本的 DNA 混合在一起。平滑算法通过在给定染色体的两个版本（"母亲"和"父亲"）之间切换祖先分配来修复切换错误。

接下来，23andMe 将置信度阈值应用于数据，以确定向测试者提供了哪些种族估计。测试人员可以调整阈值，从而查看更保守的估计（阈值较高）和推测的估计（阈值较低）。在 2016 年，23andMe 将所有用户切换到新的用户界面体验。在旧的用户界面中，测试者可以将其种族估计阈值从"投机性"更改为"标准"，再将其调整为"保守"。在新的用户界面中，测试者可以根据 50％（推测）到 90％（保守）之间的百分比调整种族估计阈值。默认值为 50％，随着测试者对阈值的增加，且由于某些分配不再满足所选阈值，估计值可能会发生变化。

我在 23andMe 的种族估计如图 F 所示。估计显示了不同的大陆地区，例如"欧洲""东亚和美洲原住民""撒哈拉以南非洲"和"西亚和北非"以及亚大陆地区，

祖先DNA的遗传社区

除了种族估计之外，AncestryDNA 还提供了一种称为遗传社区的分析。遗传社区是一组 AncestryDNA 测试者，他们来自特定地理位置的共同祖先群体。虽然不是种族估计，但遗传社区在测试者的种族估计中出现表示一个次区域或一次迁移（稍后将详细介绍这个区别）。

尽管大多数 AncestryDNA 测试者至少拥有一个遗传社区，但并非每个人都会收到一个。此外，单个家庭成员可以根据他们的个人 DNA 与任何一个遗传社区的相似程度而拥有不同的遗传社区。事实上，一个孩子有可能拥有一个已确定的遗传社区，但报告显示父母双方都不属于该社区。

基因社区是使用来自超过100万选择参与研究的 AncestryDNA 测试者的 DNA 创建的。首先，Ancestry 的科学家比较了 100 万 AncestryDNA 测试者的 DNA，并确定了具有相似 DNA 的人群。这些集群中的每一个都是一个遗传社区。但是，遗传社区仅在与特定位置相关联时才有用。因此，科学家们随后审查了与每个集群相关的数千个 Ancestry 成员的家族树，以有效地将集群分配到特定的地理位置。在线家族树通常充斥着错误，但该公司为每个集群使用了数千个在线家族树，从而减少了单个错误的影响。由于这个严格的过程，遗传社区是对个人血统最准确的识别之一，通常比种族估计更具信息性和准确度。目前有来自世界各地的300多个不同的遗传社区。

图显示了一名测试者拥有的三个已确定的遗传社区：苏格兰、东北各州定居者和纽约定居者。当遗传社区符合 DNA 结果中的主要种族估计区域时，它会显示为一个子区域。例如，苏格兰遗传社区被确定为爱尔兰/苏格兰/威尔士的一个次区域，并且有一个名为苏格兰高地和新斯科舍的次区域。因此，该测试者的 DNA 显示她有来自爱尔兰/苏格兰/威尔士的 DNA，而她的遗传社区表明，至少有一些爱尔兰/苏格兰/威尔士 DNA来自苏格兰高地（可能来自新斯科舍省）。由于其他两个遗传社区被分配到没有相关种族估计的地区（即纽约和新英格兰）——也就是说，没有"纽约"种族估计——这些社区列在迁移标题下。

种族估计　更新 ⓘ ⌃

- 大不列颠　　　　　　　　　　95% ›
- 爱尔兰 / 苏格兰 / 威尔士　　　5% ›
  - ◈ 苏格兰　　　　　　　　　›
    - ◈ 苏格兰高地 & 新斯科舍省

迁徙

◈ 东北部各州定居者　　　　　　›
来自您所在地区：大不列颠；英格兰等
◈ 新英格兰 & 东五大湖移民

◈ 纽约定居者　　　　　　　　　›
来自您所在地区：大不列颠；英格兰等

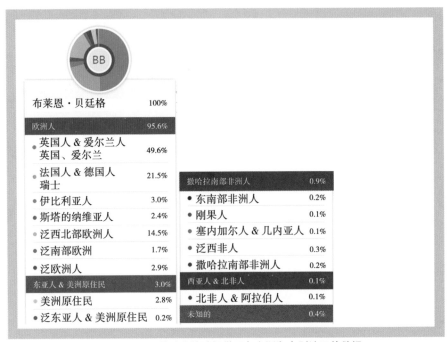

布莱恩·贝廷格	100%

欧洲人	95.6%
英国人＆爱尔兰人 英国、爱尔兰	49.6%
法国人＆德国人 瑞士	21.5%
伊比利亚人	3.0%
斯塔的纳维亚人	2.4%
泛西北部欧洲人	14.5%
泛南部欧洲	1.7%
泛欧洲人	2.9%
东亚人＆美洲原住民	3.0%
美洲原住民	2.8%
泛东亚人＆美洲原住民	0.2%

撒哈拉南部非洲人	0.9%
东南部非洲人	0.2%
刚果人	0.1%
塞内加尔人＆几内亚人	0.1%
泛西非人	0.3%
撒哈拉南部非洲人	0.2%
西亚人＆北非人	0.1%
北非人＆阿拉伯人	0.1%
未知的	0.4%

图F　23andMe 的种族估计提供了各大洲和个别地区的数据

如"伊比利亚人"和"刚果人"。例如，我的估计表明我有 95.6% 的欧洲 DNA，其中 21.5% 是"法国和德国"。

23andMe 还允许测试者使用染色体浏览器——"祖先组成染色体绘画"——来查看他们的基因组中被发现为某个种群的指定片段的位置（图 G）。染色体上的蓝色（欧洲）、红色（东亚和美洲原住民）、浅紫色（撒哈拉以南非洲）和深紫色（中东和北非）代表每个种族分配的位置。例如，我的 6 号染色体有一个很长的黄色（美洲原住民）片段，这表明我从美洲原住民祖先那里获得了该 DNA。

每个染色体在 23andMe 染色体浏览器中均显示有两个拷贝，但是排列没有顺序。仅仅从一个人的测试结果还不清楚染色体上的多个片段是否全部来自一个亲本或两个亲本的混合物。例如，图 G 中的 2 号染色体有两个小的紫色片段和一个黄色的片段。紫色片段可能来自一个亲本，而黄色的片段来自另一亲本；或者一个紫色片段来自一个亲本，另一个紫色片段和黄色片段又来自另一亲本。只有在

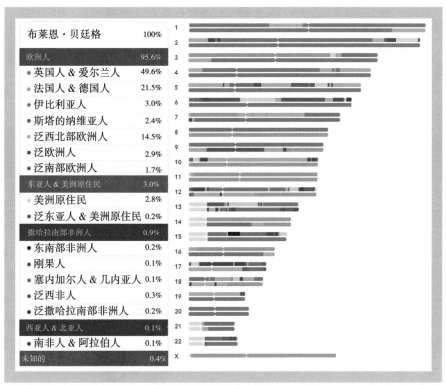

图G　23andMe 的祖先组成染色体绘画可视化世界上单个 DNA 片段可能的来源

两个染色体上的同一位置都识别出种族，才能保证测试者的种族来自父母双方。但是，如果 23andMe 的测试者测试了亲生父母并在他的账户中连接了父母数据，则测试者的 DNA 将根据父母的数据结果进行定相。祖先组成染色体画中每对染色体中，测试者的顶部染色体将是母系染色体，底部拷贝将是父系染色体。测试者还将收到一张额外的图像，显示他从母亲那里获得了哪些种族信息，以及从父亲那里获得了哪些种族信息。

Family Tree DNA

　　Family Tree DNA 的种族估计值称为 myOrigins，它提供了几个全球不同区域的估计值。为此，Family Tree DNA 首先获得测试者的 DNA 序列，然后将 DNA 与全球不同区域进行比较以获得总体种族估计。

183

来自 Family Tree DNA 的 myOrigins 种族估计如图 H 所示。用户界面的默认值显示了广泛的类别，如非洲、欧洲、中亚 / 南亚、中东、美洲大陆和东亚。如图 I 所示，单击这些区域将显示子区域，对大陆区域"欧洲"进行扩展将显示次大陆区域，如不列颠群岛（34%）、芬兰（0%）以及西欧和中欧（60%）。

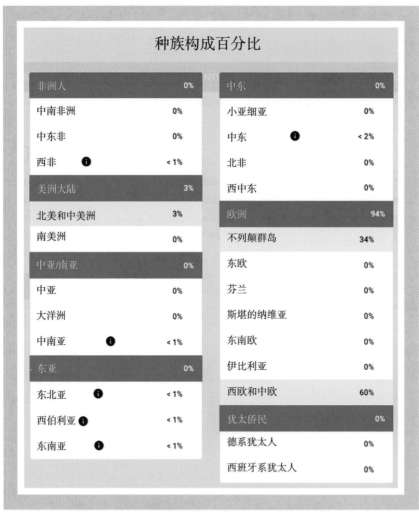

图H Family Tree DNA还提供对广泛或整个大陆地区的估计。
测试者还可以深入了解到更具体的种族

Family Tree DNA 提供了如图 I 所示的地图视图，区域由同心圆定义。例如，"不列颠群岛"地区，我获得的种族估计为 34%，用蓝色同心圆显示。

要了解有关 myOrigins 的更多信息，包括对不同参考人群的详细说明，请参见 myOrigins 方法论白皮书。

Family Tree DNA 还提供了有关古老的起源，这是对狩猎采集者、早期农民和金属时代入侵者的三类测试者的古代欧洲起源的估计。第四类"非欧洲人"包含来自非欧洲人的测试者的 DNA。该估计值附有一张地图，显示了这些不同群体的迁移路线和古代 DNA 样本。

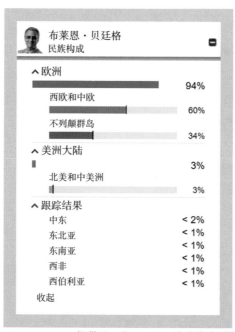

图 I Family Tree DNA 提供了一张图，显示种族估计所指的地区

Living DNA

Living DNA 的种族估计被称为"您的家族祖先"，可以通过至少三种不同的方式进行可视化，包括家族祖先可视化（显示人类的图像，并标识与已识别区域

的近似百分比）、家族祖先图表（显示已识别区域的近似百分比）和家庭祖先地图（显示与测试者共享的已识别遗传祖先在世界区域分布的地图）。

对于每一个可视化图，测试者可以调整置信水平和区域级别，如图 J 所示。对于置信水平，测试者可以查看 Complete view，其中 Living DNA 将未分配的百分比分配看起来最相似的区域，因此这些分配会有更多的不确定性。Standard view 是一种更保守的模式，其中 Living DNA 突出显示了测试者血统的可能来源，而不能归因于参考人群的血统则显示为未分配。Cautious view 是最保守的模式，其中基因相似的群体被分为一组。Living DNA 对这些分配最为准确。区域调整允许测试者查看全球（欧洲、美洲原住民等）、区域（英国和爱尔兰、中美洲等）和次区域（康沃尔、苏格兰西北部、托斯卡纳等）的估计值。

Living DNA 是能为英国提供了最深入的种族估计的公司之一，并将这些估计细分为英国的子区域和个别县。图 K 显示了测试者细分为一些可用的不同宏观区域（23.3% 的英格兰中部）和微观区域（5.6% 的康沃尔）。在撰写本文时，Living DNA 正在其他国家或地区（包括爱尔兰和德国）开发类似功能。

图J Living DNA 的种族估计允许在全球、区域和次区域视图之间切换。还可以在三个置信区间查看种族估计：Complete，Standard或 Cautious

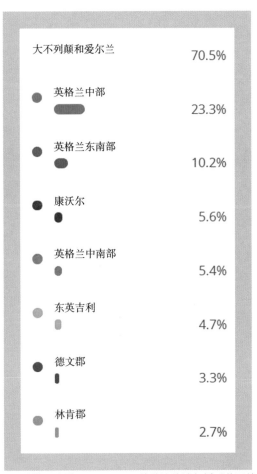

大不列颠和爱尔兰		70.5%
英格兰中部		23.3%
英格兰东南部		10.2%
康沃尔		5.6%
英格兰中南部		5.4%
东英吉利		4.7%
德文郡		3.3%
林肯郡		2.7%

图K　对于那些有英国血统的人来说，Living DNA 的种族估计包括对英国特定地区的血统进行细分

MyHeritage DNA

如前所述，MyHeritage 将测试者的 DNA 分配到全球 42 个不同的地区。图 L 显示了我在 MyHeritage 中的估计。MyHeritage 将测试者的种族估计分为三个等级：（1）大陆级别（非洲、美洲、亚洲、欧洲、中东和大洋洲）；（2）次大陆层面（北欧和西欧、西非等）；（3）区域层面（斯堪的纳维亚、伊比利亚、西非等）。具有更多和更大参考人口的区域将具有更多次大陆和区域级别。

单击左侧面板中的区域可将地图放大到该区域。放大的图像附有所选地区的历史信息，测试者可以单击链接了解有关所选种族的更多信息。

所有种族	所有支持的种族
⌄ 欧洲	90.8%
• 北欧和西欧	78.5%
斯堪的纳维亚人	78.5%
• 南欧	12.3%
伊比利亚人	11.3%
意大利人	1.0%
⌄ 美洲	5.0%
• 中美洲	5.0%
中美洲人	5.0%
⌄ 中东	2.0%
• 中东	2.0%
西班牙犹太人	2.0%
⌄ 亚洲	1.4%
• 南亚	1.4%
南亚人	1.4%
⌄ 非洲	0.8%
• 西非	0.8%
西非人	0.8%
布莱恩·贝廷格	100.0%

图L　MyHeritage DNA 种族估计。您可以单击每个区域来阅读简史

GEDmatch 种族计算器

除了测试公司提供的种族估计之外，您还可以访问免费的第三方工具GEDmatch，该工具为测试者提供了各种不同的种族计算器。这些计算器都是由学者和独立研究人员创建的，可以帮助验证和扩展主要测试公司对您的种族估计。

与公司种族算法相似，GEDmatch 的计算器每个都有不同的参考人群。由于

GEDmatch 上的不同计算器具有不同的基础算法，并且每个算法使用不同的参考人群，因此种族估计在计算器之间的差异会很大，或者 GEDmatch 计算器的估计与测试公司的种族估计之间存在差异，这些情况并不罕见。

GEDmatch 的每个种族计算器都有两个或多个供用户可以选择的模型。这些模型在各个计算器之间有细微的变化，通常根据用于分析的参考种群的组成或数量而有所不同。

GEDmatch 目前提供以下种族计算器：

MDLP（Magnus Ducatus Lituaniae）项目被创建者描述为前立陶宛大公国领土的生物地理分析项目。MDLP 项目计算器有 12 种不同的模型，World22 是默认模型。

欧洲基因（Eurogenes）遗传祖先项目侧重于欧洲祖先。Eurogenes 计算器有 13 种模型，通常根据分析中包括的参考人群而有所不同。Eurogenes K13 是默认模型。

Dodecad（Dodecad 祖先项目）着重于欧亚个体。该项目以希腊语"十二人一组"的名字命名。Dodecad 计算器有 5 种模型，默认值为 Dodecad V3。

HarappaWorld（Harappa 祖先项目）重点研究南亚血统和人口：印度人、巴基斯坦人、孟加拉国人和斯里兰卡人。HarappaWorld 计算器没有任何变化。

Ethio Helix（非洲内部基因组范围分析）着重介绍非洲血统和人口。Ethio Helix 计算器有 4 种型号，默认型号为 Ethio Helix K10 + French。

puntDNAL 重点关注非洲（尤其是东非）、西亚和欧洲。puntDNAL 计算器有 5 个模式，默认模式为 puntDNAL K10 Ancient。

gedrosiaDNA 专注于印度次大陆。gedorsiaDNA 计算器有 9 个模式，默认模式是 Eurasia K9 ASI。

GEDmatch 分析的结果可以以多种方式显示，包括一个染色体视图和一个百分比视图，其中一个染色体视图显示了种族信息在染色体中的位置，而百分比视图则显示了种族估计的总体百分比。例如，在图 M 中，使用 Dodecad 计算器的 World9 模式分析了我的 DNA。图 N 中显示了用于 World9 模式的 9 个参考种群，染色体上显示了种族信息。与 23andMe 染色体浏览器不同，每个染色体仅显示一个拷贝。

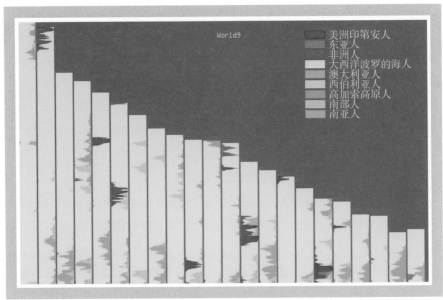

图M   GEDmatch上的种族计算器（例如Docecad的World9模型）会根据测试结果进行比较，
从而更详细地显示DNA

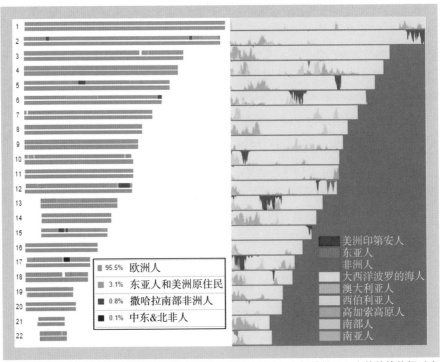

图N   种族计算器（例如右侧的计算器）可以与测试结果（如左侧的结果）中的估算值相对应
（并由此进行验证）

如图 N 所示，将 23andMe 种族染色体浏览器与 Dodecad 计算器的 World9 模式的结果进行了比较，发现这两个计算器都能识别出许多片段。在图 O 中，相同的 Dodecad World9 分析的结果分别以百分比和饼图形式显示。使用这两种格式，测试者可以查看种族估计的百分比以及这些片段在染色体内的位置。

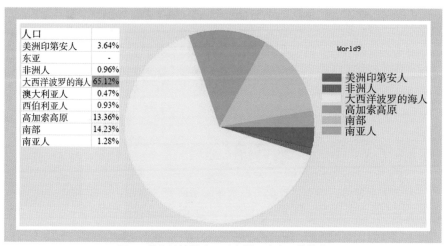

图O　种族计算器也可以在饼图中表示估算值

种族估计的局限性

种族估计仍然是一门相对较新的科学，并受到一些固有的限制。这些限制并不意味着种族估计是一门坏的科学。相反，这些局限性意味着这些估算所基于的科学正在不断发展和完善。因此，几乎可以肯定的是，您今天收到的任何种族估计都将在未来多次修改和更新。

首先，请务必记住种族估算值就是估算值。尽管这些估计具有家谱学应用，但是它们在根本上受到基础科学的限制。例如，任何公司或第三方计算器都使用参考人口，但是参考人口是基于现代人口而不是古代人口。此外，这些参考人群仅对有限数量的人进行采样，并不代表整个世界。

此外，某些种族几乎不可能准确识别。例如，几个世纪以来，人们一直在整个中欧和西欧移民，将他们的 DNA 从一个地方带到另一个地方。因此，最终成为近代德国、法国、比利时、瑞士和其他多个地方的人群，他们之间没有足够的遗传差异，从而无法可靠地鉴定出测试者的 DNA 仅属于其中之一。AncestryDNA 在其"帮助主题"部分中描述了这种遗传混合过程：

　　"当来自两个或两个以上先前分离的人群的个体开始通婚时，先前不同的人群变得更加难以区分。多个遗传谱系的这种组合称为混合物。彼此毗邻的区域常常混杂在一起，且有时混杂程度很大。"

　　尽管诸如欧洲、亚洲、非洲和美洲之类的广泛类别总体上是可靠的，但种族估计对估计的预测越具体，其可靠性就越差。因此，测试者必须谨慎地依赖次大陆、国家或地区的种族估计。

种族估计的族谱用途

　　尽管有局限性，种族估计仍可以用于家谱研究。例如，"23andMe 的祖先构图"具有一个染色体视图，该视图显示了测试者每个种族的 DNA 片段。结果显示在图 P 中，测试者在 2 号染色体上具有非洲（红色）和美洲原住民（橙色）DNA 片段。尽管未提供这些 DNA 片段的确切起始和终止位置（可以更具体地标识共享的 DNA），测试者可以使用这些信息寻找共享相似片段的其他人。如果测试者知道这些片段可能来自哪个父母、祖父母或祖先，也可以将这些 DNA 片段分配给特定的祖先。

　　种族估计还可以为收养者或最近家谱存在壁垒的其他人提供线索。例如，在图 Q 中，测试者的父母之一几乎拥有 100% 的阿什肯纳兹犹太人血统。结果，测试者预计占阿什肯纳兹人种的 46%，并且阿什肯纳兹片段（绿色）在两个染色体拷贝上均没有重叠。这几乎可以肯定被收养人从一个父母那里继承了这些片段。

图P　在世界相似地区寻找具有特定染色体上特定位置的DNA的其他个体，这可能是一种新的研究途径

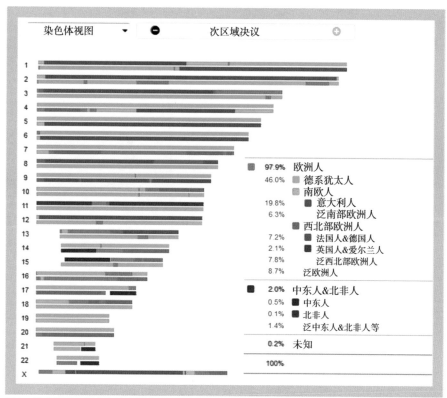

图Q　这个测试者拥有阿什肯纳齐（Ashkenazi）犹太血统较大比例的DNA。由于阿什肯纳齐区域的两个染色体都没有重叠，因此测试者很可能只从一个亲代那里继承了DNA，从而提供了研究机会

核心概念：种族估计

☀ 种族估计代表测试者 DNA 的哪些部分（和多少）与世界上一个或多个参考人群相匹配

☀ 参考人群是代表最近某个时间点特定地理种群的 DNA 样本集合

☀ 参考人口数据库的规模小且地理多样性有限，这限制了使用该数据库进行种族估计的准确性

☀ 每个测试公司如 23andMe，AncestryDNA 和 Family Tree DNA 都通过 atDNA 测试提供种族估计。第三方工具（如 GEDmatch）提供了额外的种族计算器

☀ 种族估计无法充分区分特定的地理位置，如邻国。种族估计最适合确定 DNA 的大陆来源（非洲、美洲、亚洲和欧洲）

☀ 只要牢记种族估计的局限性，它们有时就可以为遗传谱系学家提供有用的信息

193

第 10 章

用 DNA 分析 复杂的问题

您已经尝试解决了 19 世纪中期的一些壁垒。这些壁垒可能难以置信，因此，应考虑各种可能的证据来源，包括 DNA 证据。如今，由于 DNA 的力量，许多壁垒都被解决。除了解决壁垒（或至少允许您查看壁垒）之外，遗传谱系学还可以提供证据来支持或拒绝假设的关系，并可以确认已建立并经过充分研究的谱系。在本章中，我们将研究 DNA 检测方法解决问题的能力。

用 mtDNA 和 Y-DNA 解决问题

线粒体 DNA（mtDNA）和 Y 染色体（Y-DNA）测试都可以成为突破壁垒的强大工具。在第 5 章中，我们研究了如何使用 Y-DNA 分析两个或更多男性之间的父系关系，在第 11 章中，我们将看到使用 Y-DNA 测试帮助收养者进行搜索的几种方法。使用这些技术，Y-DNA 可以阐明家谱学家提出的许多问题。同样，mtDNA 可以与几乎相同的技术一起使用，用以帮助分析和解决复杂的族谱问题。

　　要确认或否定假设的父系关系，或验证已建立且经过充分研究的父系关系，您需要测试至少两名男性。只有在极少数情况下，才可以通过测试一名男性来回答家谱问题。这种情况之一就是检查特定的种族血统的过程。例如，一个家庭可能怀疑父辈祖先是美国原住民。直系父系后代的 Y–DNA 测试将提供证据来支持或否定仅基于单倍型这一假设。如果 Y–DNA 属于美国原住民单倍群，则支持该假设。如果 Y–DNA 不属于美国原住民单倍群，则必须重新假设并可能否定原假设。

　　仅测试一名男性可能会产生另一种情况的结果，即测试者有一个大型姓氏项目可以与他的结果进行比较。例如，一个叫威廉姆斯的男人试图通过将自己的结果与威廉姆斯姓氏项目中已知父系亲戚的结果进行比较来确认自己的 Y–DNA 系，则可能只需要测试一下自己即可。但是，如果他的结果表明他实际上与该姓氏项目中的任何威廉姆斯测试者都不相关，那么他无疑将结束对其他人的测试，或者等待其他人进行测试并提供更紧密的匹配。

　　同样，对于 mtDNA，您至少需要测试两个人（男性或女性），以确认或否定假设的母系关系，或验证已建立且经过充分研究的母系关系。在与 Y–DNA 类似的罕见情况下，包括不同的种族和结合了 mtDNA 测试结果的 DNA 项目，来自一个人的 mtDNA 也可能会提供足够的信息。

　　如果正在使用 Y–DNA，则测试者应考虑进行 37 标记测试（或最好是 67 标记测试）。对于 mtDNA，您应该使用全基因组检测。几乎在每种情况下，提供尽可能详细的关系预测是非常重要的，而这不能通过低分辨率测试来完成。

　　在下面的示例（图 A）中，本·阿尔布洛（Ben Albro）在曾曾曾祖父塞斯·阿尔布洛（Seth Albro）这一步撞墙。本没有关于塞思·阿尔布罗（Seth Albro）的血统或出生地的任何信息或线索，他希望 Y–DNA 测试可以解开这个谜团。本已经为自己进行 37 标记测试，当他收到结果时，他有几个 Y–DNA 的紧密匹配项：

遗传距离	姓名	最远距离的祖先
0	乔治·阿尔布罗（George Albro）	约伯·阿尔布罗 B.1790 罗德岛州
0	维克多·阿尔布罗（Victor Albro）	约伯·阿尔布罗 B.1790 年 5 月 24 日，罗德岛州
1	詹姆森·阿尔布罗（Jameson Albro）	未知

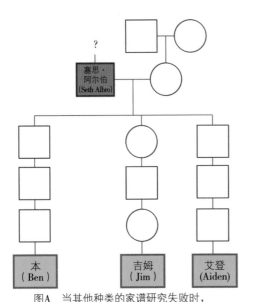

图A　当其他种类的家谱研究失败时，
Y–DNA测试可以帮助您的祖先。
本（Ben）在这里试图了解他的曾曾祖父的祖先

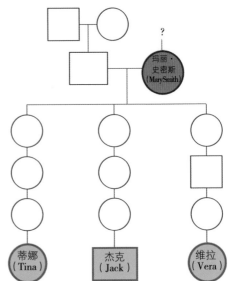

图B　像Y–DNA一样，mtDNA可用于研究家谱问题。蒂娜（Tina）可以使用mtDNA测试来查找有关其曾曾祖母玛丽史密斯（Mary Smith）的信息

本（Ben）与乔治（George）和维克多·阿尔布罗（Victor Albro）完全匹配，他们的血统可以追溯到1790年生于罗德岛州的奥古斯都·阿尔布罗（Augustus Albro）。本（Ben）在订购测试之前加入了Albro姓氏项目，并且在获得测试结果后不久，管理员告诉他，他与乔布·阿尔布罗（Job Albro）单体型最匹配，是罗德岛乔布·阿尔布罗的后代。本（Ben）现在对于在何处寻找塞思（Seth）的亲戚有重要的线索，尽管可能不足以确切地确定塞思（Seth）的血统甚至父系。常染色体DNA（atDNA）检测可能会为本（Ben）寻求其他线索，这将在本章后面讨论。

同样重要的是，家谱壁垒不是进行Y–DNA或mtDNA测试的先决条件。即使塞思·阿尔布罗（Seth Albro）的血统众所周知，但通过Y–DNA测试本（Ben）的一个或多个父系表亲也可以确认他的每一个系的最后几代人。否则，测试结果可能会确定其中一条未知中断的线，然后可以对其进行分析。例如，塞思（Seth）可能要求艾登（Aiden）进行Y–DNA测试并进行比较。如果他（本）和艾登（Aiden）足够匹配，那么本（Ben）可以肯定，这两条线都可以追溯到共同父系祖先塞斯·阿尔布罗（Seth Albro）。表亲吉姆（Jim）当然不能提供 Y-DNA 样本，因为他不是塞思·阿尔布罗（Seth Albro）的直系男性后代。

类似于 Y-DNA 测试，mtDNA 测试可用于检查复杂的族谱问题。然而，有一条重要的警告，在估计 mtDNA 匹配项之间的族谱距离时，mtDNA 不如 Y-DNA 好。完美的 mtDNA 匹配，甚至使用全基因组匹配，也可能意味着两个人共享一个最近的母系祖先，或者他们共享一个非常遥远的母系祖先。另一个警告是，mtDNA 与测试者、遗传匹配项或相关祖先的姓氏之间不存在关联。与 Y-DNA 不同，mtDNA 测试其姓氏在每一代都有可能发生变化。

在此示例中（图 B），蒂娜（Tina）在曾祖母玛丽·史密斯（Mary Smith）处遇上了研究壁垒。蒂娜（Tina）目前没有任何线索或其他有关玛丽的娘家姓、她的父母或她出生的地点或时间的信息。蒂娜（Tina）进行了 mtDNA 测试，希望结果能为我们揭开谜底。当结果出来时，显示蒂娜（Tina）的 mtDNA 与康纳（S. Connor）女士完全匹配，其最远的祖先是简·汤普森（Jane Thompson）（出生于弗吉尼亚州，大约在 1770 年）和单倍型 A2w。

蒂娜现在可以联系康纳女士，并作自我介绍，询问这条遗传线。尽管尚不清楚蒂娜和康纳是否在谱系相关的时间范围内密切相关，但这可能是蒂娜找到的重要线索。

如果蒂娜（Tina）有兴趣确认她和玛丽·史密斯（Mary Smith）的遗传线，她还可以请表亲杰克（Jack）进行 mtDNA 测试。尽管杰克是男性，但如果蒂娜的研究正确的话，他应该与蒂娜拥有相同的 mtDNA。如果他们确实共享相同的 mtDNA，那将确认这两个血统都来自玛丽·史密斯的遗传线。相比之下，表亲维拉（Cousin Vera）不适合参加 mtDNA 测试，因为维拉的祖父在维拉和玛丽·史密斯 mtDNA 遗传线之间产生了断裂。

这些只是 mtDNA 和 Y-DNA 如何用于检查并回答复杂的族谱问题的几个例子。为了掌握最新动态并了解利用 mtDNA 和 Y-DNA 的其他方法，请加入姓氏项目、单倍群项目或地理项目，例如 Family Tree DNA（www.familytreedna.com）在论坛和社交媒体中与家谱学家进行交流，并阅读家谱奖学金作品中的成功案例。

使用 atDNA 解决复杂的问题

atDNA 也许是分析复杂族谱问题的最有前途的新工具。随着 atDNA 数据库规模的增长，以及族谱数据与 atDNA 测试结果的结合，DNA 的力量将继续增长。atDNA 可以轻松解决许多以前无法分析的问题但答案要少得多。在本节中，我们将研究 atDNA 可用于检查谱系问题的几种不同方法，包括片段和树的三角剖分以及其他方法。

DNA 测试计划要考虑的关键因素之一是确定应该测试谁。在理想情况下，我们可以测试同意测试的每一个可能的亲戚。但是，在现实世界中，我们拥有有限的资源，并且在测试时必须更加谨慎。因此，在检查特定的家谱问题时，我们必须首先测试最有可能提供有关该问题证据的人。

在图 C 显示的示例中，迈克（Mike）想确定其祖先大卫·法兰西（David France）的父母。迈克已在三家测试公司进行了 atDNA 测试，并将其 DNA 转移到 GEDmatch（www.gedmatch.com），但他尚未发现大卫·法兰西血统的任何有力证据。

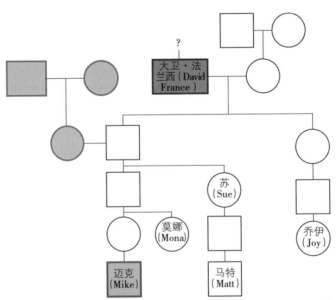

图C 迈克（Mike）可以使用DNA来寻找大卫·法兰西（David France）的父母。他有许多潜在的测试者（例如莫娜（Mona），苏（Sue），马特（Matt）和乔伊（Joy））可供选择

迈克目前有一项用于 DNA 检验的资金，他想知道通过哪个人来替他进行检验，有四个潜在的候选人：莫娜（Mona）（他的姨妈），苏（Sue）（他的大姨妈），马特（Matt）（他的二代表亲）和乔伊（Joy）（他的二代表亲的下一辈）。

那迈克（Mike）应该选谁呢？这些亲戚中的任何一个都可能提供相关的信息和遗传匹配，但鉴于事实，苏（Sue）和乔伊（Joy）很可能是 atDNA 测试的最佳人选。苏和迈克只共享一套祖先的 DNA（图中蓝色表示）。相比之下，迈克和他的姨妈莫娜（Mona）拥有更多共同的祖先血统，并且很难将任何共享的 DNA 或匹配项缩小到仅由大卫·法兰西（David France）和他未知父母产生的 DNA 或匹配项。

乔伊（Joy）也是一个很好的候选人，因为迈克（Mike）与乔伊共有的任何 DNA 都可能来自大卫·法兰西（David France）和他的妻子（除非在他们的其他祖先系中有其他最近的祖先）。这显著增加了乔伊和迈克共享的任何 DNA/ 匹配项的可能性，所有这些都可能引起人们的兴趣，应予以探究。但是，尽管与乔伊共享的 DNA 可能会引起更大的兴趣，但迈克与乔伊共享的 DNA 可能会少于他与苏（Sue）共享的 DNA。与许多其他涉及 atDNA 的情况一样，在这种情况下，直到对测试进行订购和分析之前，还没有确切的答案。

当然，在理想情况下，迈克（Mike）可以测试所有这些候选人，以尽可能广泛地撒播"DNA 网"。为了最大程度地利用 atDNA 测试获得的信息，通常必须测试一个祖先或祖先夫妇的多个后代。例如，如果迈克最终扩大研究范围并找到更多后代进行测试，他将大大增加通过大卫·法兰西（David France）找到与他有亲戚关系且拥有优良家族树的遗传匹配项的机会。迈克可以测试莫娜（Mona）、苏（Sue）和乔伊（Joy）（或祖先为蓝色）以获取其他信息和测试结果。

迈克（Mike）不仅会识别与每个人共享的 DNA 片段，而且还将识别其他后代之间共享但不与迈克（Mike）共享的 DNA 片段，从而形成了可以被挖掘和共享的片段和共享匹配的遗传网络。即使是只有两个后代共享的片段，也可以在此遗传网络研究项目中使用。

共享匹配聚类（或三角测量）

正如我们在第 4 章中所讨论的，共享匹配（也称为"共同点"或 ICW）是测试公司提供的最强大的工具之一。共享匹配创建"遗传网络"，或通常具有共同祖先的共享匹配集群。共享匹配聚类（也称为三角测量）允许我们通过识别和检查这些组的共同祖先来识别有关我们自身匹配项的新假设。

共享匹配聚类或共享匹配三角测量可以定义为一种技术，用于暂时识别负责其三个或更多后代之间共享 DNA 的祖先（或祖先夫妇）。共享匹配三角测量要求研究人员将 DNA 与传统记录（包括家谱和其他形式的家谱证据）结合起来，以形成关于一组共享匹配的共同祖先的假设。虽然稍后讨论的片段三角剖分需要来自染色体浏览器的片段数据，但共享匹配聚类或三角剖分不需要片段数据。

在最基本的形式中，共享匹配聚类或三角测量通常涉及以下步骤：

1. 识别一组（或一组）共享匹配项。集群的成员一般不是非常接近的匹配项，因为接近的匹配项将共享许多共同的祖先。

2. 查看共享匹配簇中每个人的树，寻找这些树中共享的姓氏或祖先。这通常涉及并且通常需要构建共享匹配集群的树。即使是一两个人的树也可以构建无数代，以试图确定一个共同的祖先。

3. 确定集群成员共有的祖先或祖先夫妇。共享祖先或祖先夫妇的成员越多越好。现在的假设是，这对已确定的祖先／祖先夫妇负责集群之间的共享 DNA。

4. 通过向树和共享匹配簇添加文件和其他 DNA 证据来验证假设。

您可以通过至少两种不同的方式迈出第一步（识别一组共享匹配项），目的略有不同，但分析方法相似。首先，可以围绕已知匹配识别共享匹配集群。例如，您可能与二代表亲（与您共享曾祖父母）共享 DNA。当您检查二代表亲的个人资料来识别您的共享匹配项时，您可以合理地假设该共享匹配项集群中的人也通过这些相同的曾祖父母与您相关（如果他们比二代表亲共享的 DNA 少，他们的亲戚关系可能会更远）。这种方法特别有用，因为您已经有一个假设的共同祖先。

让我们看一个示例，如图 C 所示，迈克（Mike）想确定其祖先大卫·法兰西（David France）的父母。如上所述，迈克（Mike）可以与他的二代表亲乔伊（Joy）一起使用共享匹配项来解开大卫·法兰西之谜。一旦乔伊和迈克在同一家公司进行了测试（或使用 GEDmatch 上的共享匹配工具），就可以确定他们共享的匹配项。在这些匹配项中，可能有人拥有可以与大卫·法兰西产生联系遗传分支，或者提供有关大卫·法兰西血统的线索。

　　或者，您可以使用未知匹配项来识别共享匹配集群，目的是推导出共同祖先。如前所述，查看未知匹配项和共享匹配项的家族树，并使用该数据来识别潜在的共同祖先。有时，即使有比较完善的家族树可供审查，也没有足够的信息来确定共同祖先。在这种情况下，可能会推迟集群研究的工作，直到新匹配项加入并提供新信息。

　　使用共享匹配聚类时，重要的是要记住这个方法的局限性（如第 4 章所述）。不能仅仅因为祖先出现在共享匹配工具中，就断定他们共享一个共同的祖先。共享匹配工具为基因匹配的共享祖先提供了有力线索，但在提出和检验假设时必须谨慎使用这些线索（并提供额外的证据）。

片段三角剖分

　　atDNA 研究的主要目标之一是找到具有遗传匹配的共同祖先，这样便可以将遗传匹配共享的 DNA 片段分配给共同祖先。识别 DNA 片段潜在来源的过程称为片段三角剖分。三角剖分极具挑战性，并有许多警告，但可能有助于识别与新的基因匹配项的共同祖先。

　　更正式地讲，三角剖分可以定义为一种技术，用于识别可能与该祖先或祖先对的三个或更多后代共享的一个或多个 DNA 片段有关的祖先或祖先对。三角剖分涉及 DNA 和传统记录的组合，以便将 DNA 片段分配给祖先。在第 6 章和第 8 章中，我们了解了测试公司和 GEDmatch 提供的不同染色体浏览器。这些染色体浏览器是三角测量所需信息的重要来源。

　　三角剖分是一项非常先进的技术，并且是遗传谱系学家当前使用的最耗时的方法之一。因此，只有在较低的树三角剖分结果和类似方法未提供必要信息的情况下，才应考虑使用。三角剖分可以通过自动执行该过程的第三方工具来完成，也可以通过使用包含至少包括每个共享段的染色体编号、起始位置和终止位置的片段数据的电子表格来创建。一旦使用了第三方工具或创建了电子表格，测试人员便可以查找两个或多个其他人共同共享的 DNA 片段。如果至少有三个人共享一个 DNA 片段并共享一个共同的祖先，那就是证据（但那实际上并不是证据），该 DNA 片段可能来自共同的祖先。

步骤 1：下载片段数据

从每个测试公司或 GEDmatch 下载片段数据。例如，23andMe（www.23andme.com）、Family Tree DNA 和 MyHeritage DNA（www.myheritage.com/dna）都提供了可下载到电子表格中的片段数据。相反，AncestryDNA 不与测试者共享任何片段数据。结果，从 AncestryDNA 的匹配中获取片段数据的唯一方法是要求他们将原始数据上传到 GEDmatch，后者可以免费获得片段数据。

您可以按照以下步骤很容易地从 GEDmatch 获取片段数据（图 D）。首先，使用目标套件进行一对多 DNA 比较（更多信息请参见第 8 章）。在"一对多 DNA 比较结果"列表中，单击任何感兴趣的个人的"选择"框，然后在同一页面上单击"提交"。在下一页上，单击"片段 CSV 文件"以获取个人的共享的片段电子表格。

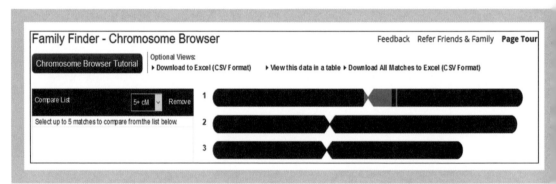

图D　将您的片段数据上传到GEDmatch，然后进行一对多DNA比较并下载片段的CSV文件

步骤 2：建立三角剖分表

一旦从 23andMe，Family Tree DNA 或 GEDmatch 获得了片段数据，就可以将其整理到单个主电子表格中（图 E）。您可以使用各种列标题，例如：

·测试者	·匹配项名称	·开始位置	·厘摩（cM）	·电子邮件地址
·公司	·染色体	·结束位置	·建议的关系	·姓氏

电子表格很可能有数千行，并且其中大多数数据都是小片段数据。许多遗传谱系学家从电子表格中删除了部分或全部小片段，因此您需要找到某种方式来筛

图E　GEDmatch允许您以电子表格格式下载片段数据，从而可以按许多类别（如染色体号
和共享片段的长度）进行排序

选所有数据。例如，我总是按 cM 列（从大到小）对 Excel 或电子表格程序中的电子表格进行排序，然后删除共享片段小于 7 cM、10 cM 甚至 20 cM 的任何行（因为我想关注最大的片段）。如果这是电子表格的重要百分比，请不要担心，这些小片段可能会出现问题，至少有一项研究表明，大部分 7 cM 和更小片段实际上都是假阳性。掌握此过程后，您可以返回并谨慎地使用更小的片段。

删除小片段后，按染色体对电子表格进行排序并开始定位。这会将片段对齐为可能的三角剖分组，或可能重叠的共享 DNA 片段组。

步骤 3：确定三角剖分组

现在的目标是找到三角剖分组，或者三个或更多人的组，这些人不仅共享相似的 DNA 片段，而且已知共享相同的 DNA 片段。如果您不知道他们是否共享相同的 DNA 片段，则他们不会构成一个确定的三角剖分组。相反，他们将形成伪三角剖分组（图 F）。

203

	Test-Taker	Company	Match Name	Chromosome	Start	Stop	cMs	C. Hough	Jill M. Green	Ian Whiteson	Brendan McDonald	Jillian J.	wylie G. marin
1	Test-Taker	Company	Match Name	Chromosome	Start	Stop	cMs						
2								C. Hough	Jill M. Green	Ian Whiteson	Brendan McDonald	Jillian J.	wylie G. marin
3	John Blanchard Jr.	Family Tree DNA	C. Hough	6	60256102	71390164	8.58	-	X				
4	John Blanchard Jr.	Family Tree DNA	Jill M. Green	6	60256102	71390164	8.58	X	-				
5	John Blanchard Jr.	Family Tree DNA	Ian Whiteson	6	60256102	71390164	8.58			-	X	X	X
6	John Blanchard Jr.	AncestryDNA	Brendan McDonald	6	60256102	71390164	8.58			X	-	X	X
7	John Blanchard Jr.	AncestryDNA	Jillian J.	6	60256102	71390164	8.58			X	X	-	X
8	John Blanchard Jr.	Family Tree DNA	wylie G. marin	6	60256102	71060137	7.83			X	X	X	-

图F 编译来自测试公司和GEDmatch的片段数据，用于分析您与其他人共享的片段。获得这些信息后，您可以进行ICW分析，以查看您共享的DNA

使用第三方工具进行三角剖分

DNAGedcom有许多工具可以帮助您进行三角剖分。例如，JWorks是一个基于Excel的工具，它允许您创建重叠的DNA组并指定ICW状态。在集合中，KWorks与JWorks相似，只不过它在浏览器中运行。请注意，这两个程序的输出基于ICW状态，因此不是实际的三角剖分。仅基于这些分析，无法确定这些个体是否共享实际识别出的重叠部分，而仅仅是共享某些DNA。

GEDmatch还具有其他一些工具帮助三角剖分。例如，"Tier 1"工具中有一个"三角剖分"工具，该工具可识别GEDmatch数据库中与测试者匹配的人员，然后将这些匹配项相互比较以进行真正的三角剖分。结果可以按染色体或试剂盒编号排序，并可以以表格或图形形式显示。可以通过设置要显示的DNA的最小量（以去除小片段）或最大量（以消除近亲）来微调结果。

DNAGedcom还提供常染色体DNA片段分析仪（ADSA），这是一种可视化ICW和三角测量工具。ADSA构造在线表格，其中包括匹配项和片段信息以及重叠片段的可视化图形，以及允许片段进行伪三角剖分的颜色编码ICW矩阵。

为了找到三角剖分组，您需要了解潜在组的成员是否共享该片段。例如，可以使用以下工具来完成此操作：

23andMe：使用 DNA 比较工具确定匹配项是否共享相同的 DNA 片段。

AncestryDNA：使用共享匹配工具查看两个匹配项是否共享相同的 DNA。请注意，这仅适用于四代表亲或更近的表亲，并且共享 DNA 表示（但不能证明）两个人有共享感兴趣的片段。

Family Tree DNA：使用 ICW 工具。请注意，重叠的片段和 ICW 状态表明（但不能证明）两个人共享共同感兴趣的片段。

GEDmatch：使用一对一工具确定匹配项之间是否共享相同的 DNA 片段。

MyHeritage DNA：使用共享匹配工具查找三角测量组。

让我们看一个例子。假设我下载了片段数据，并使用该信息创建了主电子表格。对电子表格进行分析后发现，我与 3 号染色体上的四个个体共享一个 DNA 片段，长度在 20 ~ 40 cM 之间。没有更多信息，我不知道这些匹配项是否彼此共享 DNA，因此也不知道我们五个人是否组成一个三角剖分组。

如果这四个人也在 Family Tree DNA 上进行了测试，我可以使用 ICW 工具或矩阵工具来确定这四个人中的哪个人彼此共享一些共同的 DNA，尽管我不知道他们是否共享确切的共同感兴趣的片段。但是，我也许可以使用该信息来创建潜在的或伪三角剖分组。当我使用矩阵工具时，我看到五个人组成两个小组：一个小组由三个共同拥有 DNA 的人组成，第二个小组由两个共同拥有 DNA 的人组成。我当然是这两个小组的成员。尽管我尚未使用矩阵工具确认这些是否是实际的三角剖分组，但基于结果，我相当有信心认为这些分组是准确的。如果这四个人已将检测结果转移到第三方工具，我还将尝试在 GEDmatch 上确认分组。

一旦找到了确定的三角剖分组，我们现在可以一起分组比较家谱，并有可能找到共同的祖先，而祖先可能是共享 DNA 的来源。

有关片段三角剖分的优点和局限性的更多信息，包括额外阅读的链接，请参阅 ISOGG Wiki 上的三角剖分页面。

遗传网络的局限性

树三角剖分和片段三角剖分都是为进一步研究提供线索并为现有假设提供证

据的好方法。但是,树三角剖分和片段三角剖分都不是防错的。两种方法都应该引起重大关注,在依赖于其发现的任何结论或证明论点中都必须适当解决这一问题:DNA 的一个片段可能由一祖先遗传,可能是一个未知的祖先,但是被所有匹配表亲共享。

例如,在图 G 的表中,家谱学家确定了过去十代中每个世代中可能的祖先数量,以及该世代中该个体的已知祖先(其中"已知"表示具有祖先的某些信息)。这种分析被称为"树完整性",该表表明,尽管直到第六代都有完整的家谱血统的信息,但在第七代家谱中至少缺少 36% 的家谱信息。这明显的限制了对这一代或以后世代的共享祖先的识别。因此,在每次分析中,了解两个匹配树中有多少被比较是很重要的。如果两棵树充满了可能隐藏其他共同祖先的"空树枝"(间隙),则在两棵树之间找到一个共同祖先可能没有多大意义。系谱学家必须认识到 DNA 可以通过其他谱系共享的可能性,并在得出结论时考虑这种可能性。

除了在三角剖分组成员的家谱中遇到重大缺口外,您还可能会面临这样的可能性:DNA 共享片段(尤其是较小的片段)在人群中非常普遍,以至于试图将其

代数	共享祖先	匹配项	可能祖先总数	已确定的祖先总数	已确定祖先的总百分比
1	父母	兄弟姐妹	2	2	100
2	祖父母	第一代表亲	4	4	100
3	曾祖父母	第二代表亲	8	8	100
4	第二代曾祖父母	第三代表亲	16	14	87.5
5	第三代曾祖父母	第四代表亲	32	28	87.5
6	第四代曾祖父母	第五代表亲	64	54	84.4
7	第五代曾祖父母	第六代表亲	128	82	64.1
8	第六代曾祖父母	第七代表亲	256	124	48.4
9	第七代曾祖父母	第八代表亲	512	148	28.9
10	第八代曾祖父母	第九代表亲	1024	176	17.2

图G 尽管使用DNA三角剖分祖先很有效,但可能无法通过三角剖分发现所有直系祖先。例如,在上面的示例中,随着时间的推移,测试者能够找到的家谱祖先越来越少

来源缩小到一个祖先非常困难。例如，如果片段 X 在特定人群中是常见的，并且家谱学家是该人群的几个不同成员的后代，则弄清楚该片段从哪个祖先那里继承的是极具挑战性的。

遗传网络的未来

遗传网络的未来是光明的，包括共享匹配聚类和片段三角剖分。几个有前途的新的来自测试公司的第三方工具或 GEDmatch 的数据，可用来创建共享匹配网络或片段网络。测试公司可能会继续围绕网络创建新工具和接口，第三方工具将继续探索这一领域。

理想情况下，来自测试公司或第三方的工具将利用所有可用数据来生成广泛的遗传网络——共享匹配集群和细分集群。

结论

这些只是如何利用 DNA 来检查并可能回答复杂的族谱问题的几个例子。这是遗传谱系研究最活跃的领域之一，新的方法论、公司工具和第三方工具很可能会找到新的方法来最大化 DNA 测试的结果。

核心概念：利用 DNA 分析复杂问题

❋ Y-DNA 和 mtDNA 在检查复杂的族谱问题时都非常有用，只要仔细考虑了这些 DNA 测试的局限性即可。同样，atDNA 是遗传谱系学家分析家谱问题和奥秘的强大新工具

❋ 在树三角剖分中，研究人员在近亲的遗传树之间找到了共同的祖先，并使用这些共同的祖先建立了潜在的家族树联系

❋ 在片段三角剖分中，研究人员识别出共享一个或多个 DNA 片段的三个或多个后代的祖先或祖先对

第11章

被收养者的基因测试

每一条遗传线都会遇到壁垒。即使是最长、研究最深入的祖先线，最终也只不过是一个问号而已。对于某些人来说，遗传线壁垒要追溯很多代，而对于另一些人（尤其是被收养者）来说，壁垒出现在第一代人。

被收养者、弃儿和遇到壁垒的研究人员（无论是新的还是旧的）都面临着同样的挑战：寻找一个未知的祖先。在本章中，我们将探讨遗传谱学可用于分析由于各种原因而成为壁垒的近代祖先的一些方法，这些原因包括归因不当的父母身份、收养、供体受孕、遗弃、医院婴儿换血和遗忘症等。由于测试公司数据库的巨大和快速增长，最近这些壁垒比以往任何时候都更快速、更轻松地被分解。

尽管本章使用"收养人"一词，但它的意思包含导致最近的壁垒（通常是父母或祖父母）的多种情况。用于分析这些不同情况的方法通常非常相似。此外，尽管在使用DNA测试突破最近的壁垒时会引发许多道德问题，但许多问题已在第

3 章中进行了讨论，因此这里不再赘述。

　　每个希望突破最近遇到的壁垒的测试者都应该尽可能多的从主要 DNA 测试公司进行常染色体 DNA 测试（请参阅本书末尾的"我应该进行哪种 DNA 测试"流程图）。

用 Y-DNA 突破壁垒

　　Y 染色体 DNA（Y-DNA）测试可以成为突破壁垒的强大工具。在第 5 章中，我们研究了如何利用 Y-DNA 来确认或推翻两个或多个男性之间的父系关系，而姓氏项目有时会为项目中的数百名男性这样做。

　　Y-DNA 测试最有价值的用途之一是检查姓氏的断裂，无论是最近一代（如男性的父亲未知）还是较老的一代（如可以追溯到家谱记录）。由于 Y-DNA 基本上只能从父亲传给儿子，因此该工具可用于处理近亲和远亲的谜团。例如，Y-DNA 测试可用于潜在地识别男性被收养者的生物学姓氏，探索起源不明（或没有已知起源）的直系男性祖先的血统，或直系男性遗传线上检查错误的亲子关系事件。有时，在尝试评估常染色体 DNA 检测确定的假设关系时，Y-DNA 检测的结果可能会有所帮助。

　　尽管 Y-DNA 检测可能比常染色体 DNA 检测更像是一场"赌博"，但 Y-DNA 检测表现出更可观的成功率。在 2011 年 Family Tree DNA 第七届国际遗传谱系学国际会议上，Family Tree DNA 的执行合伙人兼首席运营官马克斯·布兰克菲尔德（Max Blankfeld）估计，在 Family Tree DNA 中测试被收养者的 Y-DNA 的男性中，有 30%～40%会找到其生物学姓氏的线索。尽管这个数字可能过于乐观并且显然比世界其他地区更适用于美国（由于测试公司数据库的组成），但 Y-DNA 可以成为被收养者和其他任何有父系血统的人突破壁垒的宝贵工具。

　　如果正在使用 Y-DNA，则被收养人应考虑进行 37 标记测试，并可以考虑进行 67 标记测试。重要的是要提供尽可能详细的关系预测，而使用低分辨率测试则无法做到这一点。收养者应考虑通过 Family Tree DNA 加入"收养 DNA 项目"，以访问其他收养者和优秀项目管理员的社区。

　　在下面的示例中，被收养者内森·沃恩（Nathan Vaughn）进行了广泛的家谱研究，但未发现任何可用于其家谱的记录。内森（Nathan）了解了遗传谱系，并决定从 Family Tree DNA 订购 37 个标记的 Y-DNA 测试。当他收到结果时，他还将收到一份遗传匹配列表。尽管永远无法保证通过 Y-DNA 测试找到任何基因匹配项，更不用说良好的 Y-DNA 匹配项了，但内森的结果中存在几个有潜力的匹配项：

遗传距离	姓名	最遥远的祖先	Y-DNA 单倍群	终端 SNP
0	威廉·戴维森（Wilhelm Davidson）	亨利·戴维森（Henry Davidson）b. 1790Va	R-L1	
0	利亚姆·戴维森（Liam Davidson）	亨利·戴维森（Henry Davidson）b. 1790Va	R-L1	
1	詹姆斯·戴维森（James Davidson）	唐纳德·戴维森（Donald Davidson）b. 1773Va	R-P25	P25
2	菲利普·法拉（Philip Farah）		R-L1	

内森（Nathan）有两个完美的 37-37 标记匹配项［威廉·戴维森（Wilhelm Davidson）和利亚姆·戴维森（Liam Davidson）］，这意味着他们在 37 个标记处的遗传距离为 0（GD=0）。根据 Family Tree DNA 的计算，有 95% 的可能性是最常见的不超过 7 代的最近祖先。内森与这两个匹配项有着密切的父系关系，他的亲生父亲很可能姓戴维森（Davidson），尽管在内森亲生父亲的上游可能还会出现壁垒。如果存在这样的项目，内森应该考虑加入戴维森姓氏项目。

内森（Nathan）和詹姆斯·戴维森（James Davidson）的遗传距离为 1（37 个标记有 36 个匹配），而且他们之间的关系可能比 37 个标记有 37 个匹配的距离更远。内森和菲利普·法拉（Philip Farah）的遗传距离为 2，这意味着他们的一个标记与一个值为 2 的突变或两个值为 1 的突变不同，这种关系甚至更远，但都在族谱相关的时间范围内。

在本例中，内森（Nathan）进行了 37 个标记的测试。如果内森升级到 67 个标记测试，他的结果可能会提供更多信息，但前提是匹配项也测试了 67 个标记测试（如果他们还没有在 67 个标记处进行测试，内森可以联系他的匹配项并询问他们是否愿意升级测试，特别是当内森愿意支付升级费用）。对于这个例子，让我们假设威廉（Wilhelm）、利亚姆（Liam）、詹姆斯（James）都测试了 67 个标记测试或愿意升级。但很重要的一点是，升级并不会产生更小的遗传距离，要么匹配项具有相同的遗传距离，要么遗传距离将变大。在这个例子中，当内森收到他的 67 个标记测试结果时，他发现了以下匹配项：

遗传距离	姓名	最遥远的祖先	Y-DNA 单倍群	终端 SNP
0	威廉·戴维森（Wilhelm Davidson）	亨利·戴维森（Henry Davidson）b. 1790VA	R-L1	
3	利亚姆·戴维森（Liam Davidson）	亨利·戴维森（Henry Davidson）b. 1820NC	R-L1	
5	詹姆斯·戴维森（James Davidson）	唐纳德·戴维森（Donald Davidson）b. 1773Va	R-P25	P25

内森（Nathan）和威廉（Wilhelm）之间的遗传距离保持不变，而利亚姆（Liam）和詹姆斯（James）之间的遗传距离增加了。虽然内森（Nathan）应该探索所有这些匹配项，但威廉·戴维森和他的祖先亨利·戴维森（Henry Davidson）是最有潜力的匹配项。在这里，如果威廉的家谱研究是正确的，内森是亨利·戴维森或一位父系亲属的后裔。

Y-DNA 的成功故事

有许多被收养者和遗传谱系学家使用 Y-DNA 突破壁垒的例子。以下是这些成功案例的一些示例，所有这些示例均经过同行评审和发布。阅读这些文章将帮助您了解其他人如何将 Y-DNA 测试应用于他们的壁垒研究。另外，请确保在上查阅国际遗传谱系学会（ISOGG）收集的成功案例。

莫娜·拉尼丝·霍利斯特（Morna Lahnice Hollister），《南卡罗来纳州的戈金斯和戈金斯人：DNA 帮助证明家庭的姓氏依据》《国家家谱学会》第 102 季（2014 年 9 月）：165–176。霍利斯特（Hollister）使用 Y-DNA 进行记录家庭的姓氏的依据。

沃伦·普拉特（Warren C. Pratt）博士，《寻找肯塔基州东南部的亨利·普拉特（Henry Pratt）的父亲》《国家家谱学会》第 100 季（2012 年 6 月）：85-103。

普拉特（Pratt）将传统记录与 Y-DNA 测试相结合，用于识别 1809 年出生的祖先的父亲。

朱迪·凯拉·福克斯（Judy Kellar Fox），《文献和 DNA 鉴定了弗吉尼亚的一个鲜为人知的李氏家庭》《国家家谱学会》第 99 季（2011 年 6 月）：85-96。福克斯（Fox）使用 Y-DNA 测试和传统的族谱记录来验证出生于 1700 年代中期的祖先的血统。

兰迪·梅杰（Randy Majors），《不是约翰·查尔斯·布朗的人》。DNA 测试，证实了改变了他名字的祖先的姓氏。

mtDNA 突破壁垒

不幸的是，尽管线粒体 DNA（mtDNA）解决了许多不同的族谱奥秘，但对于收养或壁垒病例通常没有帮助。此外，在具有挑战性的情况下，无法突破壁垒。例如，mtDNA 检测有时可以提示未知母亲的种族或祖先背景。考虑进行 mtDNA 测试时，个人应始终购买完整的 mtDNA 序列，这是最高分辨率的测试，涵盖线粒体上的所有 16 569 个位置。

在以下示例中，被收养者杜松桑·德斯（Juniper Saunders）已从 Family Tree DNA 购买了完整的 mtDNA 测试，在寄出收集工具箱几周后，她收到了以下遗传匹配清单：

遗传距离	姓名	最遥远的祖先	线粒体 DNA 单倍群
0	珍妮·班克斯（Jennie Banks）	南希·柯林斯（Nancy Collins），b.1775（N.Y.）	H1
0	卡伦·韦斯特（Caren West）	南希·柯林斯（Nancy Collins），b.1775	H1
1	维克多·约翰斯（Victor Johns）		H1
2	辛西娅·努涅斯（Cynthia Nunez）	南希（史密斯）柯林斯（Nancy (Smith) Collins），b. ~1770	H1

尽管潜在的祖先或母亲亲戚南希·柯林斯（Nancy Collins）出生于将近 250 年前，但杜松（Juniper）可以与这些匹配项进行交流以获取信息，并可以为南希·柯林斯建立家族树。尽管杜松可能只与南希·柯林斯有关系，而与南希·柯林斯的后代无关，但应该追寻这个新线索。此外，杜松可以将此结果与其他 DNA 测试结合起来，用于识别其他关系。例如，杜松应调查自己是否与任何 mtDNA 匹配项共享 atDNA。她还应该在 atDNA 匹配中搜索可能与南希·柯林斯家族有联系的人。

请务必注意，此示例中显示的结果很少见。更有可能的是，mtDNA 测试者要么没有匹配项，要么匹配项没有可识别的系谱链接（通常是因为共享祖先超出了系谱记录的范围）。与其在数据库中搜索随机的 mtDNA 匹配项（这种情况很少见，但并非不可能），mtDNA 测试最有效的用途是将结果与另一个假设有谱系关系的 mtDNA 测试者进行比较。

mtDNA 的成功故事

尽管 mtDNA 的成功案例比 Y-DNA 的成功案例少，但许多遗传谱系学家使用 mtDNA 测试突破了原本不可能突破的壁垒。除了 ISOGG 上收集的成功案例之外，这是最近发表的一篇成功使用 mtDNA 测试的文章：

Elizabeth Shown Mills，《用 DNA 检验 FAN 原理：佐治亚州和密西西比州的 Zilphy（Watts）Price Cooksey Cooksey》《国家家谱学会季刊》102 期（2014 年 6 月）：129‑52。Mills 将 mtDNA 测试与两种传统的家谱研究方法相结合，解决了祖先的奥秘。

使用 atDNA 突破壁垒

atDNA 具有解决无数收养案例和突破家谱壁垒的潜力。2017 年，我在 Facebook 上对来自不同 DNA 团体的 1 000 多名被收养者进行了调查，询问他们使用 DNA 识别亲生家庭成员的经验。尽管是有偏差的人群，但受访者的结果令人震惊。在接受调查的人中，82% 的人在他们的匹配项中估计有一半的第二代表亲或近亲，48% 的人有表亲或近亲。近 60% 的受访者表示，作为 atDNA 测试的结果，他们至少确定了一位父母、兄弟姐妹或同父异母的兄弟姐妹。毫不奇怪，由于测试公司数据库的组成，美国境内被收养人的成功率明显高于美国境外被收养人。这些成功率可能会随着数据库规模的增加而增加。

atDNA 已经解决了无数的收养案例，并帮助打破了许多家谱的壁垒。除了包含许多有关不同家族的信息（尤其是最近的家族）之外，它还可以揭示有关测试者最近血统的种族信息。

"收养天使"（即奉献自己的时间和专业知识来帮助被收养者的个人）每天都利用 atDNA 测试结果专门研究 DNA 解决收养和其他家庭奥秘。测试公司数据库的规模通过帮助收养者找到近亲而使这一过程变得越来越容易。例如，通常用一个同父异母的兄弟姐妹或一个表亲来解决一个收养案例要比少数几个表亲容易得多（尽管只有第三代表亲匹配项，这也并不意味着搜索是没有希望的）。随着数据库地不断发展，找到父母、同父异母、姨妈、叔叔或其他亲密关系的可能性将大大增加。

为了最大限度地提高找到这些接近匹配之一的可能性，被收养者（以及那些最近有家谱壁垒的人）在所有可用的数据库中进行搜索是至关重要的。因此，个人应在每个测试公司进行测试或将原始数据传输到每个测试公司，包括 23andMe、AncestryDNA、Family Tree DNA，Living DNA 和 MyHeritage DNA。尽管三个数据库之间存在相当大的重叠，但是每个公司的测试者只能在该公司的数据库中找到。

如果测试者并没有在所有公司都进行过测试，且不涉及任何重大的隐私问题，并且测试者满意这种隐私级别，则应将原始数据传输到 GEDmatch 进行信息共享。由于 GEDmatch 包含来自每个测试公司中的数万名测试者，因此它是跨公司比较的最大数据库，因此可以成为遗传匹配的重要来源。如果测试人员已经在这些公司进行了测试，那么 GEDmatch 不会那么有用。测试公司将识别出任何尽可能帮助被收养人的最接近的匹配项。

寻找亲戚

当测试者在一家测试公司的基因配对清单中找到一个亲密的家庭成员（如父母、同父异母兄弟、姑姑、叔叔或表亲）时，那么只需进行最少的额外研究即可。最常见的是，确定两个人在各自家庭的哪一边。例如，同父异母的兄弟姐妹是共享母亲还是父亲？测试者的母亲或父亲预期可能是姨妈或叔叔吗？有一些线索可能会有所帮助，包括 X 染色体匹配（第 7 章）、Y–DNA 匹配（第 5 章）、mtDNA 匹配（第 6 章）或种族估计（第 9 章）。

例如，被收养的人其犹太人血统占 50%，并且传统上具有犹太人的 Y–DNA 印记，那应该确定这个犹太人血统是从家庭的那一方获得，从而帮助确定他们的关系。再举一个例子，一个被确定为 45% 的德系犹太人并具有德系 X 染色体（如 23andMe 的祖先绘画所揭示的）的男性测试者，可以假设他的母亲是德系犹太人或有德系血统（因为只有他的母亲给了他 X 染色体）。

确定预计的近亲的确切关系所需的额外研究可以像查看匹配项的公共家谱一样简单，特别是如果被领养的测试者对他的祖先有一个或多个基本线索的话。例如，如果被收养人的亲生父母中的一个或两个都有位置、职业、种族或出生日期，则他可以查看家族树，看看在什么地方信息能够刚好对接上。

尽管我们暂时放弃了对有关收养伦理问题的深入讨论（有关伦理和遗传谱系的更多信息，请参见第 3 章），但重要的是，被收养者和测试者都必须考虑建立联系的后果，并以最好的方式做到这一点。许多同父异母的兄弟姐妹、叔叔阿姨或表亲完全不知道被收养的测试者的存在，因此在沟通的时候应该考虑这种可能性。虽然我个人认为每个人都对其遗传遗产享有基本且不可剥夺的权利，但我认为这并不能理解为对建立遗传遗产关系的基本且不可剥夺的权利。

寻找远方亲戚

处理更远距离的匹配项（从第二堂表亲开始向前匹配）将更具挑战性，收养天使和收养社区所做的许多工作都是与这些较远距离的匹配项一起进行的。尽管并非不可能，但许多第三代表兄的匹配通常会很困难且耗时。如果被收养者找到的唯一匹配对象是第四代表亲和更远的表亲，那么找到合适的家庭将非常困难，甚至可能不会找到。在后一种情况下，测试者可以一边处理可用的匹配项，一边等待更新、更好的匹配项进行测试。

尽管片段三角剖分最初是系谱学家和被收养者用来探索其祖先的主要工具，但庞大的数据库规模已经使共享匹配三角测量脱颖而出。共享匹配三角测量，

215

也称为共享匹配聚类，是用于暂时识别可能负责测试公司三个或更多测试者之间共享匹配的祖先或祖先夫妇的技术的名称。第 10 章更详细地描述了这种方法。

对于具有已知血统的人，树三角剖分通常寻找与其已知血统有联系的姓氏或地方。例如，在南加州有已知或疑似血统的人按逻辑必然会关注南加州有重叠家族树的亲戚群。或者，已知或怀疑有吉尔摩血统的人按逻辑必然会关注具有重叠吉尔摩祖先的亲戚群。类似地，当具有已知血统的人面对壁垒时，可以使用共享匹配三角测量来寻找与他们已知的祖先不对齐的强大的共享匹配集群（希望包括或以密切匹配项为中心，例如第二代表亲或更亲近的人）。这可能指向那堵壁垒。

收养者资源

收养者可以使用许多资源，从而获取有关如何使用遗传谱系进行DNA测试的更多信息。强烈建议您使用每种资源，并提供略有不同的信息。最重要的是，收养者应尽可能与其他收养者建立联系并与其互动，以确保他们在DNA测试计划中采取正确的步骤，并确保他们在研究中使用最新的方法和资源。

网站

· DNAAdoption：方法论和相关类别的所在地。

· DNAAdoption Yahoo Group：被收养者交流思想的私人小组。

· DNA侦探Facebook页面：使用DNA最大的收养者和收养/搜索天使社区。

· DNA测试顾问：来自Richard Hill的测试建议，Richard Hill是一名被收养者，他在2007年使用DNA找到了他的生物家族（另请参见他的出色著作 *Finding Family: My Search for Roots and the Secrets in My DNA* ）。

· ISOGG DNA-NEWBIE 列表：ISOGG 主办的遗传系谱新人论坛。

被收养者、弃儿和其他几乎没有或没有已知祖先的人必须以不同的方式处理树三角剖分。被收养者不必关注与血统有某种联系的地名或姓氏，而应该必须完全关注他们的匹配集群的模式。如第 4 章和第 10 章所述，每个测试公司的 Shared Match 或 In Common With 工具确定了共享匹配组或集群，可以探索有关共享祖先的线索。

例如，假设一个名为祖拉（Zula）的被收养者在 AncestryDNA 上预测了一个名为 J.T.2016 的表亲匹配，并且她使用共享匹配工具来识别祖拉和 J.T.2016 的共同匹配项。他们有四个共同点，其中两个有一个与他们的 DNA 结果相关的家族树。当祖拉查看 J.T.2016 的家族树和他们的两个共享匹配项时，她在所有三棵家族树中都看到了威斯特米勒（Westmiller）姓氏。在其中两棵树中，她发现亚伯拉罕·威斯特米勒（Abraham Westmiller）于 1876 年出生在佛蒙特州。J.T. 2016 是亚伯拉罕（Abraham）的一个儿子的后裔，共享匹配项之一是亚伯拉罕的另一个儿子的后裔。另一个共享匹配项的家族树中没有亚伯拉罕·韦斯特米勒，但祖拉构建了该人的家族树，最后发现他们也是亚伯拉罕·韦斯特米勒的后代。

根据这些信息，祖拉（Zula）应该围绕亚伯拉罕·韦斯特米勒（Abraham Westmiller）和他的妻子建立一个家谱，包括后代和祖先。然后，她还可以将自己的 DNA 结果与构建的韦斯特米勒（Westmiller）家谱中的个体联系起来，看看她是否得到了 DNA 线索。她还应该在每个测试公司的个人资料或家谱中搜索韦斯特米勒（Westmiller）姓氏的匹配项。这或许是祖拉解开家谱之谜所需要的突破口。或者，祖拉可能不得不多次重复此过程，然后才能找到可靠的家庭联系。随着更多人的测试、现有工具的成熟和新工具的开发，树三角剖分应该被证明是对被收养者非常有用的工具。

让我们假设祖拉（Zula）有另一个预测的第二代表亲匹配项，这次是在 MyHeritage，名为 MattiasM1。尽管 MattiasM1 的结果没有附加树，但祖拉与有家族树的 MattiasM1 确实共享匹配项。当祖拉追溯家族树时，她发现其中许多祖先都是来自 1800 年代后期纽约州北部的塞缪尔·珀西和伊丽莎白·弗伦奇。祖拉围绕塞缪尔·珀西和伊丽莎白·弗伦奇建立家谱，包括他们的祖先和后代（图 A）。当祖拉追踪珀西家族的后代时，她发现塞缪尔和伊丽莎白的孙子约翰·珀西（John Percy）住在亚伯拉罕·威斯特米勒的孙女苏珊·约翰逊（Susan Johnson）的隔壁。

祖拉假设她可能是约翰·珀西和苏珊·约翰逊的孩子，这一发现将使得 J.T.2016 和 MattiasM1 成为她的表亲。注意这只是一个假设，需要更多的研究（传统的家谱研究和额外的 DNA 测试）。

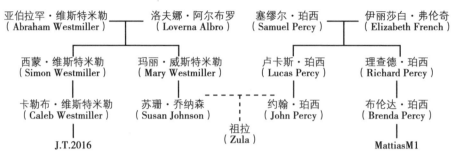

图A　祖拉（Zula）是被收养者，她可以使用 AncestryDNA 的共享匹配功能（以及家谱和传统家谱研究）构建她自己和两个匹配项 MattiasM1 和 J.T.2016 之间的潜在的家谱

　　随着更多人的测试、现有工具的成熟和新工具的开发，共享匹配聚类和三角测量等遗传网络工具将被证明是对被收养者和系谱学家有用的工具。

核心概念：收养者的基因检测

❋ DNA 正在帮助突破最近的壁垒，从而帮助被收养者、弃儿和其他人识别他们的遗传遗产

❋ Family Tree DNA 的 Y-DNA 测试能够在多达 30% 的案例中提供潜在的生物姓氏

❋ mtDNA 测试对被收养者没有那么有用，但在极少数情况下可以提供有用的信息

❋ 测试公司 atDNA 数据库的规模大大增加了被收养者在他们的匹配列表中找到第二代或更接近的表亲的机会

❋ 被收养者和其他对使用 DNA 分析遗传遗产感兴趣的人应考虑：在 Family Tree DNA 中进行 37 或 67 标记的 Y-DNA 测试（如果是男性）；从至少一家（可能是所有三家）大型测试公司进行 atDNA 测试；加入几个以被收养者为中心的社交媒体群组或邮件列表，开始学习如何解释和应用 Y-DNA 和 atDNA 测试结果

第12章

遗传谱系学的未来

与计算机和互联网一样，DNA 已成为现代家谱研究的重要组成部分。尽管此工具只在短短几年前才开始使用，但它现在已成为数以千计系谱学家和数百万测试者着迷和兴奋的证据来源。在接下来的 10 ~ 20 年内，DNA 技术和技术的新进步将改变和扩展系谱学家获取 DNA 测试结果的方式，以及这些测试结果如何应用于系谱问题。在本章中，我们将了解 DNA 技术的当前趋势，并了解它们将如何影响遗传谱系。

Y-DNA 检测的未来

在接下来的十年中，基因谱系学的一个领域可能会发生很大变化，那就是 Y 染色体（Y-DNA）检测。目前，Y-DNA 测试包括少数 Y-STR（Y 染色体上的短串联重复序列），通常在 37 ~ 111 之间，或几千个 Y-SNP（Y 染色体上的单核苷酸多态性）。一些 Y-DNA 测试，例如来自 Family Tree DNA（www.familytreedna.

com）的 Big Y 测试，可以检查 Y 染色体的大约 15 万 ~ 2 500 万个碱基对，这仅占整个 Y 染色体的 25% ~ 45%，其中大部分可能包含有关祖先的信息，尽管这些测试才刚刚开始为系谱学家提供有帮助的信息。

虽然未来的研究人员可以在理想的情况下对整个 Y 染色体进行测序并对其进行分析以获取祖先信息（包括识别和表征新的 STR 和 SNP），但 Y 染色体也提出了一些特别的挑战，阻碍了当前既负担得起又准确的整个 Y–DNA 测序技术。例如，大部分 Y 染色体要么是高度重复的、回文的，要么与 X 染色体几乎相同。由于当前的 DNA 测序技术对染色体的许多短重叠片段（称为"读取"）进行测序，然后将它们映射到人类基因组参考，并重新组合在一起，因此重复或回文序列会使这个过程变得困难（如果可能的话）。

然而，新的测序技术可能会为 Family Tree DNA 等测试公司提供新的机会。例如，获得非常长的高质量读数的 DNA 测序仪将能够更好地将这些长读数拼凑在一起。理想情况下，未来的测序技术可能从染色体的一端开始，通过一次读取，一直到染色体的另一端进行测序。

一旦获得原始数据，分析数据以提取 STR 和 SNP 信息是该过程中的一个简单步骤。正如 2015 年 Family Tree DNA 的 Big Y 结果的涌入导致了所谓的"SNP 海啸"一样，未来测序技术流入的数据将产生大量需要分析的信息。在人类 Y–DNA 家族树的背景下分类，在这些结果中可能会有许多"家族特定的 SNP"——Y–SNP 变异在最近有共同父系祖先的男性中发现（在过去 100 ~ 250 年内）。

创造改进的 DNA 测序技术存在巨大的经济压力，包括希望使用低成本 DNA 检测进行健康评估和治疗。因此（尽管存在一些技术挫折），Y–DNA 测序的发展可能会在未来五到十年内发生。

mtDNA 检测的未来

由于当前的测试已经对整个 mtDNA 分子进行了测序，因此未来 mtDNA 测试的进展可能较小。不可能从线粒体基因组中的 A、T、C 和 G 的序列中提取任何额外的信息。

相反，mtDNA 检测的最大发展可能来自于更多的人进行检测，这意味着找到有意义的匹配项的可能性将会增加。尽管很多人在测试时找到了匹配项，并且出于我们在 mtDNA 章节中了解到的原因（即 mtDNA 突变非常缓慢，因此很多人拥有相同的 mtDNA），但测试者找到有意义的匹配项是非常罕见的 这有助于他们进行家谱研究。此外，mtDNA 通常与较短的谱系相关，因为研究每代都改变名称的母系存在挑战。然而，随着数据库变大，找到适合您的谱系重要匹配项的可能性会显著增加。

mtDNA 检测的另一个重要进展可能是表观遗传检测。与 atDNA 一样，mtDNA 被包装成一个有组织的结构，其中包含与之相关的蛋白质和化学基团。如果这种表观遗传结构是可遗传的，那么正如最近研究表明的那样，它可以被分析和用于谱系学目的。亲缘关系更密切的人被期望具有更相似的表观遗传结构，因此 mtDNA 的表观遗传结构可能会在 mtDNA 匹配列表中挑选出近亲。表观遗传测试将在本章后面更详细地解释。

atDNA 测试的未来

基因谱系的最大变化预计将发生在常染色体 DNA（atDNA）检测领域，其原因与 Y-DNA 检测相同。也就是说，DNA 测序的新发展将改善测序并降低测试成本。

当全基因组测序达到类似于当前 atDNA 测试的价格点时，系谱学家将成为使用全基因组结果进行系谱学的推动力，包括改进表亲识别和关系估计。全基因组测试将为表亲识别和关系估计提供一些好处，尽管它可能无法识别当前测试无法识别的新近亲（如比第四代表亲更近）。以类似的方式，为系谱学家提供经济实惠的全基因组测试可能不会提供非常准确的关系预测，但是能提供新的远亲并提高对关系估计的信心。

除全基因组测序外，未来十年还将创建新的 atDNA 方法。这些方法不仅是科学家和遗传谱系学家研究和实验的结果，而且由于 atDNA 数据库的庞大规模，也将成为可能。一旦数据库包含数百万人，就可以开发新工具，而这些工具在数据库较小时并不明显，或者使用较小的数据库是不可能的。

221

基因重建：拼凑死者基因组

将我们祖先的部分或全部基因组拼凑在一起，将使家谱学家能够了解我们可能无法了解的有关他们的信息，如他们的种族、健康状况和最近的谱系关系。系谱学家也可能了解他们的一些身体特征，如眼睛颜色和头发颜色，尽管这些并不总是基于 DNA 的完美估计。在本节中，我们将讨论什么是基因重建，它是如何工作的，以及为什么系谱学家可能会对它感兴趣。

通过测试祖先或祖先夫妇的多个后代，使基因重建成为可能。例如，想象一下 18 世纪中期住在新英格兰的约翰（John）和简·史密斯（Jane Smith），他们有 12 个孩子，其中十个活到成年，因此现在他们有成千上万的后代生活在今天。这些后代中有少数人拥有约翰（John）和简（Jane）传下来的随机 DNA 片段；这对祖先夫妇的孩子和后代越多，他们的 DNA 就越可能存在于今天的测试者身上。

可以使用充分研究的家谱，用于识别可能来自这对祖先或祖先夫妇DNA片段，然后将这些 DNA 重组在一起，从而尽可能多的构建这对夫妇的基因组。其中某些片段将永远丢失，尽管可以通过推导或估计来找回这些丢失的片段。

在图 A 中，在活着的后代中发现了 18 世纪中期一对夫妇的 DNA 片段。例如后代 #4，既没有从这对夫妇那里继承任何 DNA，也没有与其他亲属共享任何 DNA，因此可能不会对基因重建做出贡献。其他后代或亲属，例如后代 #6，可能没有他们与这对夫妇有亲属关系的证明文件。只有可以可靠地分配给祖先或祖先夫妇的片段才会被映射。通常，这需要识别出由祖先或祖先夫妇的两个或多个后代共享的 DNA 片段。

渐渐地，随着数百万 DNA 样本和家谱被输入到大规模数据库中，可能会生成数百甚至数千个早期祖先的基因组。毫无疑问，质量差的家族树（或由于错误的亲本事件引起的错误家族树），以及将共享段不正确地分配给一个祖先都会引入许多错误。然而，随着更多的样本和家族树被输入系统并进行处理，以及随着系谱学家和公民科学家对家族树的青睐，大多数这些错误将随着时间的推移得到解决。

有趣的是，这些重新创建的基因组有时属于未知或身份不明的祖先（DNA-Only Ancestors），稍后将讨论。例如，共享的 DNA 片段似乎来自一对可能住在波士顿

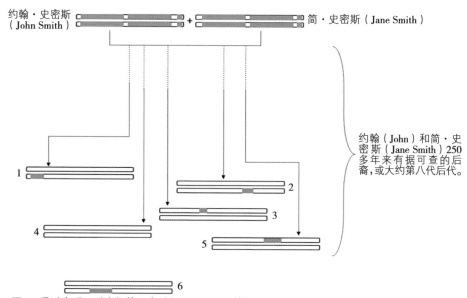

图A　通过查看一对夫妇的几个后代，可以近似的拼凑出他们 DNA 构成。然而，这些后代中只有一部分人会包含原始夫妇的 DNA；在这里，后代 4 没有这个祖先的 DNA，因此对构建祖先的DNA没有帮助

地区并在 18 世纪初期生过孩子，但是在现有的记录中找不到已知的夫妇。

因此，未来要想提高这种方法的成功率，需要更大量、更广范且经过充分研究的家谱，以及来自数百万人的 DNA 样本。

借助重建的基因组，即使没有拍摄过或幸存下来的祖先照片，也有可能估计出我们祖先的样子。每个人都知道一个古老游戏，即猜一个新生儿长得像哪个父母或兄弟姐妹，或者猜猜哪个是同卵双胞胎。这些场景证明了 DNA 和外观之间存在关系。因此，通过查看和理解这种关系，在理论上我们可以仅仅根据 DNA 预测外观。

例如，2014 年，科学家发表了一项研究，确定了影响面部结构的 20 个基因中的 24 个基因变异，然后，研究人员使用志愿者的 DNA 档案来创建志愿者面部结构的近似值。除了具有众多潜在的法医和执法应用外，这项技术还可以帮助正在重建已故祖先外观的系谱学家。面部结构估计可以和 DNA 序列中挖掘的其他物理信息相结合，包括眼睛颜色、头发颜色、身高、肤色和其他物理特征，从而创建祖先的合成图像。DNA 信息还可以补充文化和社会经济信息，用来预测发型和其他特征。

在另一个例子中，AncestryDNA 在 2014 年宣布，已经成功地重建了大卫·斯皮格尔（David Speegle）（1806—1890）和他的两个妻子温妮弗雷德·克兰福德（Winifred Cranford）和南希·加伦（Nancy Garren）基因组的重要片段。这是通过分析斯皮格尔（Speegle）的 26 个孩子的数百个后代的 DNA，并使用两种不同的方法将共享的 DNA 片段拼凑在一起来实现的。大卫在他一生中有过两次婚姻，与他的配偶孕育了许多孩子，鉴于在世后代的数量很多，并且都可能携带他们的一部分 DNA，因此他和他的配偶是重建的绝佳人选。事实上，根据斯皮格尔（Speegle）1890 年的讣告，他去世时至少有 300 名后代，这也说明了为什么大卫·斯皮格尔及其妻子的 DNA 在 AncestryDNA 数据库中如此普遍。

使用这些重建的部分基因组，AncestryDNA 分析人员了解到大卫（David）或他的一位妻子有一个基因变异，这个变异增加了男性秃发的可能性，并且大卫至少有一个蓝色眼睛基因变异的拷贝。

伪影测试

我们祖先的 DNA 不仅在我们体内，而且可能就在我们周围。在适当的条件下 DNA 可以非常稳定。每年，都会对数百或数千年前的数千个基因组进行测序。这些基因组通常是从古代墓地发现的牙齿或骨骼中提取的。然而，更近期的 DNA 有可能从日常"文物"中提取和分析——我们的祖先可能拥有并留下 DNA 样本的物品，例如信封、邮票、发刷和牙刷。这些 DNA 样本可以在称为伪影测试的过程中进行谱系分析。

2018 年推出了第一批专门针对宗谱社区的神器提取公司，而且可能还会出现更多。一家名为 totheletterDNA 的公司位于澳大利亚，为信封提供 DNA 提取和分析服务。如果 DNA 提取成功，totheletterDNA 将使用 SNP 芯片对 DNA 进行分析（就像测试公司所做的那样）。该 DNA 配置文件可以上传到 GEDmatch 或结合其他第三方工具进行分析。这个分析过程生成的 DNA 配置文件与 SNP 芯片测试创建的任何其他 DNA 配置文件基本相同，因此可用于匹配、种族分析、染色体映射等。

当然，伪影测试存在许多局限性。早期采用伪影测试的人必须意识到，不能保证一定能在物品上发现祖先的 DNA，也不能保证提取的 DNA 的数量或质量足以进行分析。如果有足够质量的 DNA，检测公司可以进行 SNP 芯片或其他类型的测序。请注意，作为测试过程的一部分，您可以将发送到测试公司的任何样品进行销毁。

对伪影测试最大的担忧之一是，提取来源可疑的 DNA 可能并不是 DNA 的实际来源。换句话说，系谱学家想测试由曾曾祖母邮寄的信封，但 DNA 的来源可能是她的孩子、邻居或舔过信封或邮票的邮政局长。尽管事实令人沮丧，但这并不是一个严重问题，因为 DNA 要么不是来自祖先（即 DNA 不匹配），要么来自与预期不同的祖先或亲属（即共享 DNA 数量不正确）。如果 DNA 不是来自预期的个体，研究人员通常可以通过传统的 DNA 方法确定神秘 DNA 的来源。事实上，拥有一个神秘的 DNA 档案（在某些方面）与帮助被收养者找到他们的亲生家庭没有什么不同。

伪影测试也引起了伦理问题。与任何技术一样，伪影测试可能会被滥用，但有一套指导方针，可以帮助防止那些不良行为者或粗心的系谱学家不道德地使用基因样本。例如，系谱学家不应该在没有明确知情同意的情况下使用伪影测试服务来测试一个活着的人。这种使用基因样本的行为是极其不道德的，并会威胁到整个行业。再者，系谱学家应该只测试他们拥有或有权测试的样本。此外，如果通过伪影测试无意中获得了活着的人的 DNA，则应在发现问题后立即删除该 DNA。应该本着高度负责任的方式进行测试，这样才能确保每个人都能从这些服务中受益。

储存在干燥、凉爽的地方的伪影更有可能提供有用的 DNA。因此，为了存储伪影以备将来可能的测试，请将伪影保存在阴凉干燥的地方，例如纸袋（而不是塑料袋）。尽可能少地触摸，因为污染的风险很高。

生成家谱

那么 atDNA 的进步可以为您记录在案的家庭研究做些什么？理论上，一旦 17 世纪、18 世纪或 19 世纪祖先的数百或数千个基因组被创建并整理成一个庞大的家谱，人们就可以利用 DNA 测试结果来重建现代 DNA 测试者家谱的一部分。

225

这个过程首先根据 atDNA 测试的结果识别潜在的祖先，然后将这些识别的祖先放入测试者的家谱。例如，将 DNA 测试结果应用于测试者的任何已知谱系，家谱便可以更加完善。

家谱预测或重建是可能的，因为已识别的祖先只能以有限的方式组合成家谱。例如，假设您进行了 atDNA 测试，并且测试公司只使用重建的祖先数据库和您的 DNA 测试结果便确定了 20 个祖先。从统计学上讲，将这 20 个祖先组合成一个家谱的方式是有限的，最终只有有限数量的血统是通过这 20 个不同的祖先指向您。未来将提供对某个亲属进行测试的建议服务（如"我们建议您对您的曾祖父的后代——您的二代表亲——进行测试，以进一步完善您重建的家谱"），或者向您询问一系列问题，从而准确地解决家族树中的冲突（"你外祖母的名字是什么？""你曾祖母的名字和出生日期是什么？"等）。通过征求用户反馈，程序将选择 20 个祖先最有可能指向您的血统路径，并根据这些信息构建一个可能的家谱。

如图 B 所示，客户 B6429 拥有来自四个不同重建基因组的 DNA 片段。该信息用于创建或重建家谱，其中根据片段的大小、已建立的谱系和其他几个因素，将最可能的配置映射到已识别的祖先。

这种重建的家谱过程也可以与传统的家谱研究一起使用，实际上用于识别被收养者的家庭。例如，系谱学家已知客户是十个人的后裔，便可以轻松地重建该人可能的家谱。该程序不是完全从头开始创建家谱，而是将数据库中现有家谱的部分拼凑在一起，为客户生成可能的家谱。虽然最近的三到五代必须由客户填写（因为这些后代最不可能包含在公司的数据库中），但家族树的大部分可以根据 DNA 检测结果完成。

当然，这种方法有很多注意事项，任何计算机生成的家谱都应该得到传统研究的证实。例如，质量差的家族树将给这一过程带来挑战，但不会完全阻碍研究的进行。事实上，DNA 证据可能会在很大程度上改善质量差的家族树。除了质量差的家族树外，经过充分研究和记录良好的家谱也可能是不正确的，因为还存在其他无法检测到的错误归因事件如收养、更名或出轨。但是，还是可以使用上述方法检测和分析这些家族树。

此外，测试者拥有重建基因组的 DNA，并不意味着他是拥有该基因组的人的

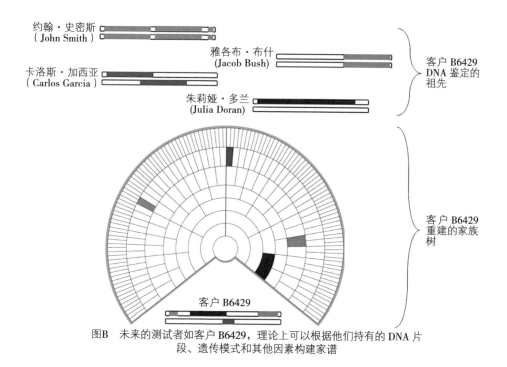

图B　未来的测试者如客户 B6429，理论上可以根据他们持有的 DNA 片段、遗传模式和其他因素构建家谱

后裔。相反，测试者可能只与这个人有关。例如，测试者可能是约翰·史密斯（John Smith）的一个鲜为人知的表亲，而且活着的后代很少，而不是约翰史密斯本人的后裔。关于测试者如何拥有约翰·史密斯的 DNA，仍然可以提出其它假设。虽然上述方法最终侧重于表征"分支点祖先"（如移民、独特单倍型的创始人等）的基因组，但分支点祖先可能还会存在未知或鲜为人知的亲属，因此这个过程中会暂时出现新的分支。

尽管有这些警告，祖先和家谱重建可能会对未来几十年的系谱研究产生巨大影响，为用户（尤其是被收养者）提供宝贵的祖先信息。

创建 DNA–Only Ancestors

在不久的将来，来自遗传表亲的 DNA 将被用于重建完全存在于壁垒后面的未知祖先的基因组。虽然传统研究通常能够为重建的基因组提供潜在的身份，但有时只能通过重建的 DNA 来了解个体。这些"DNA–Only Ancestors"的 DNA 散布在

227

活着的后代中，其中一些已经在测试公司的数据库中找到。

正如我们在斯皮格尔（Speegle）案例中看到的那样，如果有足够多的后代，就只能重建祖先基因组的一部分。如果了解这些后代的家谱并进行充分的研究，则这个过程将大大简化。但是，仍然可以使用未知祖先的后代的 DNA 来重建未知祖先基因组的一部分。

例如，让我们假设一群人将他们特定的家谱追溯到 19 世纪初期纽约州北部的一个小镇阿克伦。遗传线全部追溯完毕，但没有发现已知的共同祖先，也没有传统的纸质线索或共同的姓氏。然而，所有这些家族都在遗传上相互关联，根据他们的广泛研究，他们似乎没有任何其他血统。如果传统研究证据枯竭，这些亲属如何了解他们的共同祖先？

使用最先进的 atDNA 技术可以将后代之间共享的 DNA 分配给祖先或祖先夫妇（图 C）。然后，重新创建的部分基因组将提供有关 DNA–Only Ancestor 的其他信息，如预测的眼睛颜色、头发颜色、医疗状况和性状。这个技术还可以用于查找其它后代或亲戚。

事实上，一旦确定了一个潜在的纯 DNA 祖先，一些线索就可以帮助确定祖先

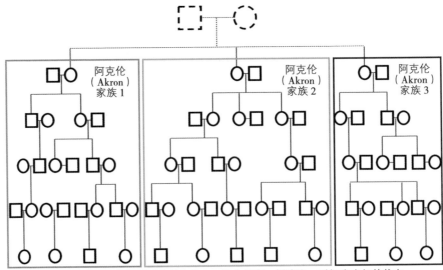

图C　将来可以将疑似后代共享的DNA结合起来，拼凑出一对祖先夫妇的信息

的名字，例如固有的表型信息（如医学问题）或其他亲属由于重新创建的基因组而显示为匹配项［如约翰逊（Johnson）在同一个城镇的一个家庭中有很好的口头记录］。在国家家谱杂志上看到一篇题为《查明纽约阿克伦（Akron）DNA 重建祖先的可能身份》的学术文章，并不像您想象的那么遥远。

虽然确定 DNA-Only Ancestor 的名字和家族是理想的状况，但对许多人来说这是不可能的。对于此类识别记录过于少的地区和时间段尤其如此，例如 18 世纪和 19 世纪的爱尔兰、非裔美国人血统、美洲原住民血统等。对于这些地区中的每个区域，有许多不同的 DNA-Only Ancestor。虽然我们可能不知道他们的名字，但我们可以用我们拥有的任何信息来填补这些空白，或者用历史事件或某个时间段内普通人的生活来帮助 DNA-only ancestor 的识别。例如，DNA-Only Ancestor 的档案可能如下所示：

AkronNY-1800s-Male-1：大约在 1800—1820 年，住在纽约南县的阿克伦（Akron）。其至少有三个孩子，可能是女儿。其 1797 年首次定居于阿克伦（Akron），因此 AkronNY-1800s-Male-1 很可能是该镇的早期定居者，该镇在最初的 20 年繁荣发展。已知最早的后代是孙子苏珊娜（未知）史密斯（Susannah Smith）、丽贝卡（未知）马伦（Rebekah Mullen）和莎拉（未知）约翰逊（Sarah Johnson）。AkronNY-1800s-Male-1 是爱尔兰血统，蓝眼睛。

虽然这个例子关注的是被怀疑存在于特定时间和地点的人，但也有可能重新创建以前完全不为历史所知并且没有任何书面或口头记录的个人的基因组。

表观遗传测试

目前所有的家谱 DNA 检测都着眼于沿染色体或线粒体基因组的 A（腺嘌呤）、T（胸腺嘧啶）、C（胞嘧啶）和 G（鸟嘌呤）的序列。然而，DNA 包含大量超出 A、T、C 和 G 顺序的信息。例如，为了使细胞核内的大小可控，DNA 被包装成称为染色质的紧密结构，这是一个复杂的 DNA 束和包装蛋白。一些染色质（称为异染色质）是高度包装的，不会被细胞使用。染色质的其他部分（称为常染色质）包装不太紧密，可以被细胞使用。可以对包装蛋白本身进行修改，从而影响基因组部分的包装紧密程度和活性程度。此外，DNA 本身可以标记化学基团，如影响 DNA 的可及性或活性的"甲基"（图D）。总之，这些表观遗传机制对DNA活性具有直接而重要的影响。

最近的研究表明，DNA的一些表观遗传结构可能会从一代传到下一代。例如，初步研究表明，童年经历过创伤的人（或者父母或祖父母经历过创伤的人）与那些没有经历过类似创伤的人有不同的表观遗传特征。

如果确实遗传了DNA的表观遗传结构，则可以将其用于遗传谱系分析。尽管目前尚不清楚表观遗传结构是否能稳定并遗传几代以上，但从目前的研究看来，这种表观遗传结构至少可用于检查近期和密切的关系。例如，当确定某人是姨父母还是同父异母的兄弟姐妹时（或者是第三代表亲还是第二代表亲），表观遗传信息可能会提供足够的额外信息来区分可能的关系。

此外，表观遗传信息可能有助于了解我们祖先的生活经历。可能存在代代相

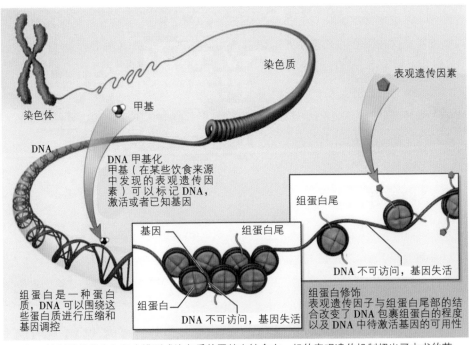

图D 控制遗传信息如何在排列成染色质的甲基中结合在一起的表观遗传机制超出了本书的范围。然而，未来的技术进步可以揭示这些信息是否以及如何对系谱学家带来便利的。由美国国立卫生研究院提供

传的创伤（或满足感）的表观遗传标记。例如，一旦我们将一段 DNA 分配给一个祖先，我们就可以表征该 DNA 片段的表观遗传学，从而了解该祖先或祖先系。

无论是仅仅用于区分近亲关系，还是用于了解我们祖先的生活经历，表观遗传分析肯定会在不久的将来成为遗传谱系测试的重要组成部分。

遗传谱系学的其它进展

上面讨论的发展只是未来几年将有益于谱系学的一些潜在的新测试或技术。当然，其它会发生的改进是无法预测的。

遗传谱系学领域另一个不可预测的潜在发展是使用新的测试技术（如全基因组测序和与 DNA 相关的大规模家谱）改进表亲鉴定和表征。例如，在不久的将来，表亲很可能不仅被识别为潜在的表亲，而且被识别为统计学上可能的系谱关系，并具有已识别的共同祖先。AncestryDNA 的 New Ancestor Discoveries 试图做到这一点，尽管它是一个非常早期的版本。

另一个发展领域是世系社会将更多地使用 DNA。随着 DNA 成为越来越重要的家谱证据，它将继续被世系社会用作证据。例如，美国革命之女（DAR）在 2013 年宣布了一项重新修改的 DNA 政策，同意 Y–DNA 使用的限制性条例。其他组织也允许 Y–DNA 证据来证明或支持会员资格声明。然而，在未来，其他类型的 DNA 测试的结果可能会为社会成员创造潜在的谱系，特别是当遗传家谱学家继续证明 DNA 谱系检测的力量和效率时。另外，有时会员仅靠 DNA 证据就足够，这可能是因为 DNA 充分证明了成员的祖先血统，或者是宗族社会本身是基于特定祖先的 DNA。

核心概念：遗传谱系的未来

⚜ 遗传谱系学仍然是一个新的科学研究领域。DNA 检测技术和 DNA 分析方法的未来发展有望为系谱研究增加重要的新信息

⚜ Y–DNA 测序的改进将使用能够发现新的与谱系相关的 Y–STR 和 Y–SNP 测试，通过这些测试可能进一步确定父系关系

231

* 能够负担得起的 atDNA 全基因组测序将有助于进行精确的关系预测

* 系谱学家将重建祖先基因组的重要部分，揭示有关他们的生活、健康和外貌的信息。最终，系谱学家能够估计祖先的面部结构

* 其中一些重新创建的基因组属于纯 DNA 的祖先，由于缺乏传统的家谱记录，这些祖先没有与他们相关的名字或身份

* 系谱学家可以只通过 DNA 测试结果，再结合家谱和 DNA 的庞大数据库，来重建家谱的各个部分

* 系谱学家将使用表观遗传测试来检查最近的系谱关系，并可能了解我们祖先的生活

* 世系社会将增加他们对 DNA 证据的接受度，有些甚至可能完全依赖 DNA 证据

词汇表

遗传系谱中有许多术语，对于没有涉足 DNA 测试的系谱学家来说可能并不熟悉。为帮助您了解这些术语，本节包含全书使用的关键术语词汇表，其中包含简要定义和对首次出现该术语的章节的参考。请注意，这些关键术语也可能会出现在此处引用之外的其他章节中。

混合物：不同遗传谱系的组合，通常具有不同的地理起源（第 9 章）

祖先：表明测试者在特定位置具有祖先 SNP 值（即无突变）的名称（第 5 章）

常染色体 DNA（atDNA）：对系谱学家有用的四种 DNA 之一，存在于细胞核中，包含 22 条非性染色体（第 1 章）

常染色体：人类基因组中 22 条非性染色体之一（第 4 章）

剑桥参考序列（CRS）：第一个发表的 mtDNA 序列；用于比较所有测试者的 mtDNA 的长期标准（第 6 章）

细胞：生命的基本单位，通过 DNA 控制绝大多数功能（第 1 章）

染色质：形成染色体的紧密 DNA 和蛋白质束；可能成为未来 DNA 测试的主题（第 12 章）

染色体：包含数百万个 DNA 碱基对的结构；人类共有 46 条染色体，分为 23 对（第 1 章）

染色体浏览器：让测试者准确查看其染色体的哪些片段与另一名测试者共享的工具（第 4 章）

染色体图谱：测试者确定他从哪些祖先那里继承了哪些 DNA 片段的过程（第 8 章）

染色体对：两条互补的染色体结合在一起形成一对（第 1 章）

编码区（CR）：包含基因和细胞指令的 mtDNA 区域，因此很少改变；直到最近才被包含在 mtDNA 测试中（第 6 章）

衍生：表示测试者在特定 SNP 位置有突变的名称（第 5 章）

DNA（脱氧核糖核酸）：包含遗传信息的分子，可以成为系谱学家的宝贵工具；两条长链包含数百万个碱基对，形成双螺旋结构（第 1 章）

种族估计：通过将个体 DNA 与一个或多个参考人群进行比较来推断个体 DNA 的地理起源的方法（第 9 章）

完全相同区域（FIR）：基因组的一部分，其中两个人在两条染色体上共享一段 DNA（第 4 章）

基因：包含遗传信息或细胞使用的指令的 DNA 区域，例如用于产生生命所需的蛋白质（第 1 章）

家谱树：收集一个人的所有祖先，无论他们是否为个人贡献了 DNA（第 1 章）

遗传距离：两个人的 Y-DNA 或 mtDNA 结果之间的差异或突变，以数字表示（第 5 章）

遗传例外论：遗传信息是独一无二的，是应该与其他类型的家谱证据区别对待的理论（第 3 章）

遗传树：为基因组贡献 DNA 的家谱祖先的集合；家谱树的一个子集（第 1 章）

遗传谱系：在家谱研究中使用 DNA 的实践和研究（第 1 章）

遗传系谱标准：由科学家和系谱学家组成的特设委员会制定的一套道德原则和最佳实践标准（第 3 章）

半相同区域（HIR）：基因组的一部分，其中两个人仅在两条染色体中的一条上共享 DNA 片段（第 4 章）

单倍群：一群拥有多个基因突变以及一个共同（通常是古老的）祖先的个体；存在于两个遗传系中：mtDNA 和 Y-DNA（第 5 章）

单倍型：表征测试者的特定标记结果的集合（第 5 章）

异质的：在细胞或生物体中包含一个以上的 mtDNA 序列（第 6 章）

同质的：在细胞或生物体内仅包含一个 mtDNA 序列（第 6 章）

高变控制区 1（HVR1）：mtDNA 的两个区域之一，几代之间经常发生变化，因此经常在 mtDNA 测试中进行采样（第 6 章）

高变控制区 2（HVR2）：mtDNA 的两个区域之一，在世代之间经常发生变化，因此经常在 mtDNA 测试中取样（第 6 章）

核型：人类细胞中的所有染色体对按照从最长到最短的编号顺序排列（第 1 章）

标记：指定的、通常测试的 DNA 区域（第 2 章）

减数分裂：细胞分裂成卵子和精子用于繁殖的特殊过程（第 4 章）

线粒体：细胞内产生能量的单位，从母本继承而来，在母本中发现了 mtDNA（第 1 章）

线粒体 DNA（mtDNA）：对系谱学家有用的四种 DNA 之一，存在于细胞的线粒体中，总是从母本那里继承（第 1 章）

最近的共同祖先（MRCA）：由两个或更多个体共享且最近出生的祖先（第 5 章）

mtDNA 测序：两种 mtDNA 检测中的一种；检查部分或全部 mtDNA 核苷酸碱基对（第 6 章）

突变：个体之间或个体与参考序列之间发生的任何 DNA 变异（第 5 章）

非编码区：人类基因组中不包含遗传信息的部分（第 1 章）

非父系事件：导致遗传谱系意外断裂的事件或情况，例如收养、更名或出轨（第 2 章）

非姐妹染色单体：减数分裂期间复制的不同染色体拷贝；两者之间的任何交叉或重组都会导致 DNA 发生明显的突变（第 4 章）

核苷酸：形成成对的结构，是产生 DNA 分子的有机构建块；在人类 DNA 中

发现的四种变体是腺嘌呤、胞嘧啶、鸟嘌呤和胸腺嘧啶（第1章）

细胞核：细胞的控制中心，大多数 DNA 都存在于其中（第1章）

定相：将个体的 DNA 分为从母亲那里继承的 DNA 和从父亲那里继承的 DNA 的方法（第9章）

重组：染色体对交换遗传物质的过程，导致代际变异（第4章）

重建智人参考序列（RSRS）：代表所有在世人类的单一祖先基因组；有时用作比较测试者 mtDNA 的标准（第6章）

参考人群：与测试者的结果进行比较的人群（第2章）

修订后的剑桥参考序列（rCRS）：CRS 的更新；通常用作比较测试者 mtDNA 的标准（第6章）

片段三角测量：通过比较两个或多个遗传亲属共享的相同 DNA 片段，将个体 DNA 的一个或多个片段追溯到特定祖先或祖先夫妇的方法（第10章）

共享匹配三角测量：也称为共享匹配聚类，一种用于暂时识别三个或更多后代之间共享的 DNA 祖先（或祖先夫妇）的技术；需要使用 DNA 以及传统的家谱研究（第10章）

单核苷酸多态性（SNP）：DNA 序列中的单个核苷酸在群体中的个体之间可能不同（第4章）

姐妹染色单体：减数分裂期间复制的染色体拷贝（第4章）

SNP 检测：两种 mtDNA 检测中的一种；检查沿环状 mtDNA 分子的特定位置（SNP）（第6章）

子片段：单倍群的亚群，由一个或多个 SNP 突变定义（第5章）

全基因组测序：查看个人所有 DNA 的测试（第4章）

X 染色体 DNA（X–DNA）：对系谱学家有用的四种 DNA 之一，位于 X 染色体上（第1章）

X 染色体：决定性别以及其他特征的两条性染色体之一；两条 X 染色体（从父母双方各继承一条）导致个体为女性（第7章）

Y– 染色体 DNA（Y–DNA）：对系谱学家有用的四种 DNA 之一，只有男性才有 Y 染色体，并且只从父亲那里继承（第1章）

Y染色体：决定性别等特征的两条性染色体之一；一条 X 染色体（继承自母亲）

和一条 Y 染色体（继承自父亲）导致个体为男性（第 5 章）

Y–SNP 检测：两种 Y–DNA 检测中的一种；检查沿 Y 染色体的特定位置（SNP）（第 5 章）

Y–STR 检测：两种 Y–DNA 检测中的一种； 检查沿 Y 染色体的 DNA 短重复序列（STR，或短串联重复序列）（第 5 章）

附录 A

比较指南

没有一刀切的 DNA 测试计划，对于我们大多数人来说，DNA 测试的费用是一个需要不断考虑的问题。尽管 DNA 检测的成本稳步下降，但使用多种检测类型（或检测多人）的费用仍然很大。如果不考虑成本，我会建议在 23andMe、AncestryDNA、Family Tree DNA、LivingDNA 和 MyHeritage DNA 进行完整的 mtDNA 测试、111 标记 Y-DNA 测试（针对男性）和常染色体 DNA 测试。

但由于成本是大多数研究人员考虑的一个因素，因此您需要慎重选择，决定该如何分配资源。此部分（包含选择您的 DNA 测试流程图、比较四种主要测试类型的表格以及比较三个测试公司特征的图表）旨在帮助您选择何种测试类型和测试公司，来完成您的研究目标，并为您带来最大的收益。

流程图是一个基本的决策指南。它不能涵盖所有可能的情况，也不应该胜过从公司或具有 DNA 测试经验的人那里收到的建议。但是如果你不知道从哪里开始（也没有人可以问）这个流程图会让你知道你应该进行什么测试，只需几个简单的问题：

1. 您是否正在通过测试来回答特定的家谱问题？ 换句话说，您是否正在通过测试来检查特定的关系、壁垒或谜团？如果是这样，那么您可能需要更具体的测试，例如 Y-DNA 测试（如果它是 Y-DNA 线）或 mtDNA 测试（如果它是 mtDNA线）。如果没有，并且您对 DNA 检测的一般问题更感兴趣，您很可能应该从常染色体 DNA（atDNA）检测开始。不久前，我们会建议遗传谱系学家从 Y-DNA 或mtDNA 测试开始，然而现在，一旦您收到常染色体 DNA 测试结果，还有更多工作要做。一旦您探索了 atDNA 并想进行更多 DNA 测试，我建议您先尝试 Y-DNA测试，然后再进行 mtDNA 测试。

2. 你是被收养者吗？如果是，并且您是男性被收养者，您应该从 Y-DNA 测试开始，并考虑进行 atDNA 测试。如果您是女性被收养者，请直接进行 atDNA测试。

3. 您只测试自己吗？如果是，那么您应该考虑在 AncestryDNA 或 Family TreeDNA 进行 atDNA 测试。如果您要求其他人进行测试，请继续进行下一个问题。

4. 未来有可能进行测试吗？如果您要求其他人进行测试，并且您希望样本可用于将来的测试，尤其是在 DNA 提供者可能无法提供的情况下，请考虑使用Family Tree DNA（或收集样本存储于 Family Tree DNA）和其他测试公司进行测试。Family Tree DNA 将会存储剩余的样品以备将来的测试。

在大多数需要 atDNA 测试的情况下，我建议您在 AncestryDNA 和 Family TreeDNA 进行测试。如果成本不是问题，那么您可以考虑在 23andMe 进行测试。为了帮助自己做决定，我附上了一张图表，比较了三个测试公司的特点。

选择一个 DNA 测试

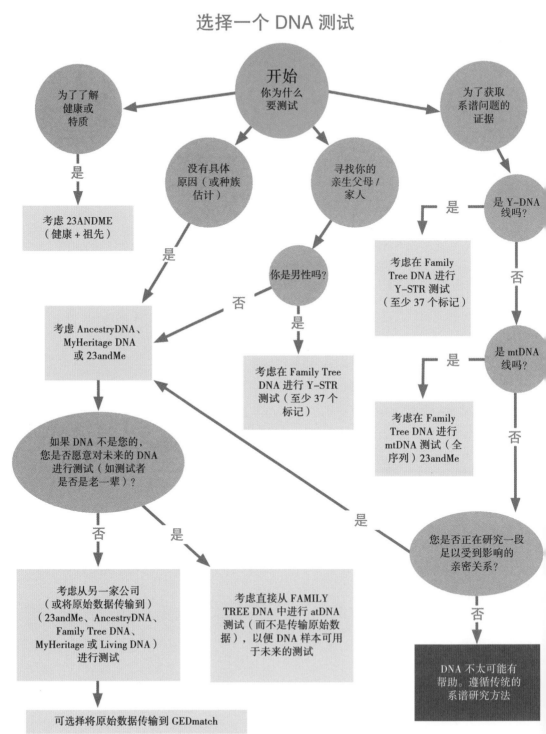

DNA 测试比较

DNA 测试名称	mtDNA	Y–DNA	atDNA	X–DNA
测试类型	HVR1/HVR2 测序：测试更有可能改变的 DNA 区域 全 mtDNA 测序：测试完整的 mtDNA 链 SNP 测试：测试特定的 DNA 位点	Y–STR 检测：检测 DNA 的短重复片段 Y–SNP 测试：测试特定的 DNA 位点 Big Y–500 测试：对 Y 染色体上的数百万个碱基进行测序	SNP 检测：检测染色体上的特定位点 全基因组测序：测试所有 23 组染色体对	（SNP 测试是 atDNA 测试的一部分）
单倍群测定?	是	是的。Y–DNA 测试结果用于估计（对于 Y–STR 测试）或确定（对于 Y–SNP 测试）测试者的父系单倍群	否	否
表亲匹配?	是的。HVR1/HVR2 和全 mtDNA 测序可用于表亲匹配，尽管随机匹配在系谱相关的时间尺度上可能没有意义，因为 mtDNA 突变缓慢。SNP 测试不用于表亲匹配	是的。Y–STR 测试结果可用于随机表亲匹配，以估计两个匹配之间的父代数。Y–SNP 测试传统上不是那么有用，尽管 Big Y–500 结果对于表亲匹配非常有用	是的。atDNA 测试结果可用于随机表亲匹配和粗略估计两个匹配之间的代数，以及检查家谱亲属之间的遗传关系	是的，尽管由于低 SNP 密度和低阈值，只应考虑大片段（至少 15–20 cM，可能更大）

测试公司比较

测试公司名称		23andMe	AncestryDNA	Family Tree DNA	Living DNA	MyHeritage DNA
基本信息	价格	99 美元（仅用于 Ancestry 测试）199 美元（健康+祖先测试）	99 美元	$79（atDNA）$89+（mtDNA）169 美元以上（Y-DNA）	79 美元	79 美元
	估计的数据库大小（截至本书撰写时）	500万个 atDNA	1000万个 atDNA	100 万个 atDNA；300,000mtDNA；700,000Y-DNA	未知	250万个 atDNA
	订阅需求	不需要	需要，对于一些分析工具	不需要	需要，对于一些分析工具	需要，对于一些分析工具
	收集方法	唾液	唾液	拭子	拭子	拭子
	联系方式	是的，通过电子邮件中介	是的，通过电子邮件中介	是的，直接联系	是的，通过电子邮件中介	是的，通过电子邮件中介
家谱工具	按姓氏搜索	是	是	是	未知	是
	按位置搜索	是	是	是	未知	是
	将血统与DNA整合	否（但可以链接到外部在线家族树）	是	否	未知	是
遗传工具	建议可能的关系	是	是	是	是	是
	共享 DNA 的量（以厘摩为单位）	是	是	是	是	是
	染色体浏览器	是的，用三角测量	否	是的，用三角测量	是（三角测量能力未知）	是的，用三角测量
	接受其他公司的结果	否	否	是	是	是
	查看匹配项与其他匹配项的共享情况	是	是	是	是	是

附录 B

研究表格

虽然在收到 DNA 结果后，人们更乐意马上开始研究和进行表亲匹配，但是如果对潜在匹配项、网络搜索和祖先谱系进行更仔细和彻底的研究，人们将会得到更大的收益。本部分包含许多表格，可帮助您分析结果并使您的发现更有序和逻辑性。

- 关系图：根据最近的共同祖先确定您与另一个人的关系。
- 姓氏工作表：记录重要的姓氏信息以供参考。
- DNA 表亲匹配工作表：记录您已确认的 DNA 表亲。
- 匹配关系工作表：确定您和潜在匹配对象之间的关系。
- 五代祖先图：将您的家谱追溯到五代。
- 家庭组表：列出您知道（和发现）的有关特定家庭的所有信息。
- 研究日志和计划：跟踪您在研究中取得的成就——以及您还需要做的事情。
- 祖先工作表：记录有关单个祖先的信息。

关系图

指示：

1. 确定关系未知的两个个体最近的共同祖先。
2. 确定共同祖先与每个人的关系（如祖父母或曾曾祖父母）。
3. 在图表的最上面一行，找出共同祖先与第一代亲的关系。在最左侧的列中，找到共同祖先与二号表亲的关系。
4. 跟踪第 3 步中的行和列。交叉的方框显示了两个人的关系。

最近的共同祖先是 1 号表亲

关系未知的两个个体是 2 号表亲	父母	祖父母	曾祖父母	曾曾祖父母	第三曾祖父母	第四曾祖父母	第五曾祖父母	第六曾祖父母
父母	兄弟姐妹	侄子或侄女	外甥或外甥女	曾外甥或外甥女	第二曾外甥或外甥女	第三曾外甥或外甥女	第四外甥或外甥女	第五外甥或外甥女
祖父母	侄子或侄女	第一代表亲	第一代表亲的后代	第一代表亲的第二代	第一代表亲的第三代	第一代表亲的第四代	第一代表亲的第五代	第一代表亲的第六代
曾祖父母	外甥或外甥女	第一代表亲的后代	第二代表亲	第二代表亲的后代	第二代表亲的第二代	第二代表亲的第三代	第二代表亲的第四代	第二代表亲的第五代
曾曾祖父母	曾外甥或外甥女	第一代表亲的第二代	第二代表亲的后代	第三代表亲	第三代表亲的后代	第三代表亲的第二代	第三代表亲的第三代	第三代表亲的第四代
第三曾祖父母	第二曾外甥或外甥女	第一代表亲的第三代	第二代表亲的第二代	第三代表亲的后代	第四代表亲	第四代表亲的后代	第四代表亲的第二代	第四代表亲的第三代
第四曾祖父母	第三曾外甥或外甥女	第一代表亲的第四代	第二代表亲的第三代	第三代表亲的第二代	第四代表亲的后代	第五代表亲	第五代表亲的后代	第五代表亲的第二代
第五曾祖父母	第四外甥或外甥女	第一代表亲的第五代	第二代表亲的第四代	第三代表亲的第三代	第四代表亲的第二代	第五代表亲的后代	第六代表亲	第六代表亲的后代

姓氏工作表

姓		Soundex 编码
意义		
拼写变化		
可能的转录错误		

姓		Soundex 编码
意义		
拼写变化		
可能的转录错误		

姓		Soundex 编码
意义		
拼写变化		
可能的转录错误		

DNA 表亲匹配工作表

匹配的百分比	厘摩 (CM)	关系	备注

匹配关系工作表 −1

使用这个追踪器记录关键线索，可以帮助您确定您和遗传表亲的关系。

序号 测试公司和网站	匹配项用户名	估计关系	联系信息 （如果知道）	共享祖先的地区	来自共享地的匹配项祖先
1					
2					
3					
4					
5					
6					
7					

匹配关系工作表 -2

序号	共享的姓	具有该姓氏的匹配项的亲属（以及与用户的关系）共同的种族起源	与用户的通信	包括日期	备注
1					
2					
3					
4					
5					
6					
7					

五代祖先图表

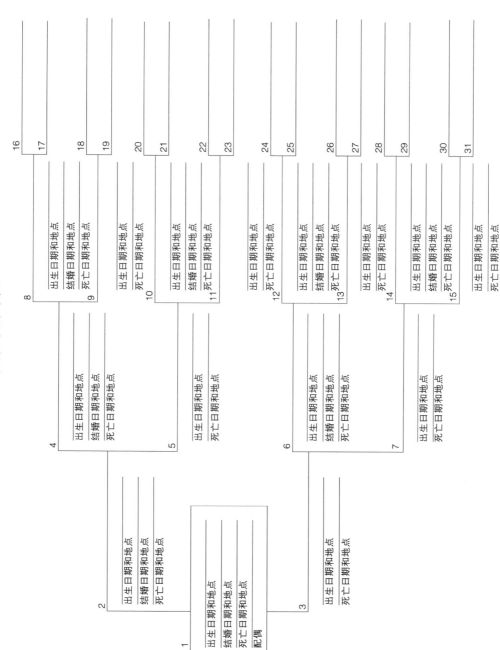

16

17

18

19

20

21

22

23

24

25

26

27

28

29

30

31

8 出生日期和地点
结婚日期和地点
死亡日期和地点

9 出生日期和地点
死亡日期和地点

10 出生日期和地点
结婚日期和地点
死亡日期和地点

11 出生日期和地点
死亡日期和地点

12 出生日期和地点
结婚日期和地点
死亡日期和地点

13 出生日期和地点
死亡日期和地点

14 出生日期和地点
结婚日期和地点
死亡日期和地点

15 出生日期和地点
死亡日期和地点

4 出生日期和地点
结婚日期和地点
死亡日期和地点

5 出生日期和地点
死亡日期和地点

6 出生日期和地点
结婚日期和地点
死亡日期和地点

7 出生日期和地点
死亡日期和地点

2 出生日期和地点
结婚日期和地点
死亡日期和地点

3 出生日期和地点
死亡日期和地点

1 出生日期和地点
结婚日期和地点
死亡日期和地点
配偶

249

家庭组表

丈夫
来源

全名＿＿＿＿＿＿＿＿＿＿＿＿＿＿＿＿＿＿＿＿＿＿＿＿＿＿＿　＿＿＿＿＿＿

出生日期＿＿＿＿＿＿＿＿＿＿地点＿＿＿＿＿＿＿＿＿＿＿＿＿＿＿＿　＿＿＿＿＿＿

结婚日期＿＿＿＿＿＿＿＿＿＿地点＿＿＿＿＿＿＿＿＿＿＿＿＿＿＿＿　＿＿＿＿＿＿

死亡日期＿＿＿＿＿＿＿＿＿＿地点＿＿＿＿＿＿＿＿＿＿＿＿＿＿＿＿　＿＿＿＿＿＿

　葬礼＿＿＿＿＿＿＿＿＿＿＿＿＿＿＿＿＿＿＿＿＿＿＿＿＿＿＿＿＿＿

他的父亲＿＿＿＿＿＿＿＿＿＿＿＿＿＿＿＿＿＿＿＿＿＿＿＿＿＿＿＿＿　＿＿＿＿＿＿

母亲的娘家姓＿＿＿＿＿＿＿＿＿＿＿＿＿＿＿＿＿＿＿＿＿＿＿＿＿＿

妻子

全名＿＿＿＿＿＿＿＿＿＿＿＿＿＿＿＿＿＿＿＿＿＿＿＿＿＿＿　＿＿＿＿＿＿

出生日期＿＿＿＿＿＿＿＿＿＿地点＿＿＿＿＿＿＿＿＿＿＿＿＿＿＿＿　＿＿＿＿＿＿

死亡日期＿＿＿＿＿＿＿＿＿＿地点＿＿＿＿＿＿＿＿＿＿＿＿＿＿＿＿　＿＿＿＿＿＿

　她的父亲＿＿＿＿＿＿＿＿＿＿＿＿＿＿＿＿＿＿＿＿＿＿＿＿＿＿＿　＿＿＿＿＿＿

她的母亲的娘家姓＿＿＿＿＿＿＿＿＿＿＿＿＿＿＿＿＿＿＿＿＿＿＿　＿＿＿＿＿＿

Her mother with maiden name＿＿＿＿＿＿＿＿＿＿＿＿＿＿＿　＿＿＿＿＿＿

这个婚姻下的孩子	出生日期和地点	死亡和葬礼	结婚日期、地点和配偶

其他配偶

全名＿＿＿＿＿＿＿＿＿＿＿＿＿＿＿＿＿＿＿＿＿＿＿＿＿＿＿　＿＿＿＿＿＿

　结婚日期和地点＿＿＿＿＿＿＿＿＿＿＿＿＿＿＿＿＿＿＿＿＿　＿＿＿＿＿＿

研究计划和日志

研究问题：

_____

_____

已知信息：

_____

_____

任务	完成？	结果 / 评论	费用

祖先工作表

全名（女性的娘家姓）_____

社会安全号码 _____

小名或其他名字 _____

姓氏拼写变化 _____

出生和洗礼

出生日期 _____ 出生地点 _____

洗礼日期 _____ 洗礼地点 _____

结婚和离婚

配偶的名字	结婚日期	结婚地点

配偶的名字	离婚日期	离婚地点

死亡

死亡日期 _____ 死亡地点 _____

葬礼日期 _____ 葬礼教堂 / 地点 _____

讣告日期和报纸 _____

兵役

冲突（如果适用）	单位	日期 / 年限

祖先工作表

迁徙

起始地点	到达地点	出发 / 到达日期	同伴	运输方式（如适用）

个人信息

就读学校 _____

参加的宗教教堂 _____

爱好俱乐部会员 _____

孩子

孩子姓名	出生日期	出生地点	其他父母

开展朋友、目击者和邻居的研究

姓名	关系

附录 C

更多资源

系 谱学家的教育永远不会完成。如果您已经掌握了本书的内容，我建议您寻找其他资源进行探索。了解遗传谱系学的最好方法是测试自己和家人，并尽可能多地处理结果。除了测试之外，这里还有一些最好的资源可供有兴趣了解更多 DNA 的系谱学家使用。

除了这些资源之外，DNA 现在是美国家谱会议的重要主题，一定要参加当地的会议。

ISOGG Wiki

国际遗传谱系学会（ISOGG）Wiki 是遗传谱系学家的重要资源。尽管它是由志愿者策划的维基百科风格的信息源，但它包含了有关遗传谱系主题的一些最复杂、最详细的分析。例如，以下几页是遗传谱系学家的必读内容：

· 常染色体 DNA 统计。
· 常染色体 DNA 检测对比图。

·道德、准则和标准。

·血统相同。

书

除了您手上拿着的书（或在屏幕上阅读）之外，还有其他几本书专门介绍遗传谱系学的基础知识。

艾米丽·D.奥利西诺（Emily D. Aulicino），*Genetic Genealogy: The Basics and Beyond*（印第安纳州布卢明顿：作者之家，2013 年）。

布莱恩·贝廷格（Blaine Bettinger）和黛比·帕克·韦恩（Debbie Parker Wayne），*Genetic Genealogy in Practice*（弗吉尼亚州阿灵顿：国家谱系学会，2016 年）。

大卫·R.道威尔（David R. Dowell），NextGen 系谱：*The DNA Connection*（无限图书馆，2014 年）。

保罗·约瑟夫·弗朗扎克（Paul Joseph Fronczak）和 亚历克斯·特雷斯尼奥夫斯基（Alex Tresniowski），*The Founding: The True Story of a Kidnapping, a Family Secret, and My Search for the Real Me*（霍华德图书，2017 年）。

比尔格里菲斯（Bill Griffeth），*The Stranger in My Genes: A Memoir*（新英格兰历史系谱学会，2016 年）。

理查德·希尔（Richard Hill），*Finding Family: My Search for Roots and the Secrets in My DNA*（家庭，2017 年）。

黛比·肯尼特（Debbie Kennett），D*NA and Social Networking: A Guide to Genealogy in the Twenty first Century*（英国格洛斯特郡：历史出版社，2011 年）。

以色列·皮克霍尔茨（Israel Pickholtz），*Endogamy: One Family, One People*（殖民根源，2015）。

塔玛·温伯格（Tamar Weinberg），*Endogamy: One Family, One People*（家族树书，2018 年）。

照片来源

23andMe 图片：第 2 章图片 E；第 4 章中的图像 P 和 S；第 9 章中的图像 F、G、P 和 Q。© 23andMe，Inc.，2019。保留所有权利；得到 23andMe 许可进行发布。

Ancestry.com 图片：第 2 章中的图片 D；第 4 章中的图像 T 和 U；第 9 章中的图像 D 和 E 以及 AncestryDNA 的遗传社区侧边栏。© Ancestry.com DNA，LLC，2019。保留所有权利。

DNA Painter 图像：第 8 章中的图像 B、C 和 D。© DNA Painter，2019。保留所有权利。

DNAGedcom 图像：第 8 章中的图像 K、L 和 M。© DNAGedcom，2019。保留所有权利。

Family TreeDNA 图像：第 2 章中的图像 C；第 4 章中的图像 O、V 和 W；第 5 章中的图像 H、I、K、L 和 M；第 6 章中的图像 G、H 和 J；第 7 章中的图像 E、F、I、J 和 K；第 9 章中的图像 H 和 I；第 10 章中的图像 1。© Family Tree DNA，2019。保留所有权利。

GEDmatch 图像：第 8 章中的图像 E、F、G、H、I 和 J；第 9 章中的图像 M、N 和 O。© GEDmatch，2019。保留所有权利。

Living DNA 图像：第 4 章中的图像 X；第 9 章中的图像 J 和 K。© Living DNA，2019。保留所有权利。

MyHeritage DNA 图像：第 2 章中的图像 F；第 4 章中的图像 Q、R 和 Y；第 9 章中的图像 L。© MyHeritage DNA，2019。保留所有权利。

关于作者

布莱恩·贝廷格博士（生物化学），J.D. 是系谱作者、演讲者和博主，专门研究 DNA 证据。2007 年，他创建了 The Genetic Genealogist（www.thegeneticgenealogist.com），这是最早致力于遗传谱系学和个人基因组学的博客之一。2018 年，他推出了 DNA Central（dna-central.com），这是第一个 DNA 教育在线会员门户。

布莱恩为专业系谱学家季刊、家谱杂志和其他出版物撰写了大量与 DNA 相关的文章。他一直是家谱和历史研究所（IGHR）、盐湖家谱研究所（SLIG）、匹兹堡家谱研究所（GRIP）、家谱大学虚拟家谱研究所（Virtual Institute of Genealogical Research）和 Excelsior 学院（纽约州奥尔巴尼）的讲师。他是《遗传谱系学杂志》（Journal of Genetic Genealogy）的前编辑，也是特设遗传谱系标准委员会的协调员。2015 年，他成了 ProGen Study Group 21 的校友，并当被选为纽约家谱和传记协会（New York Genealogical and Biographical Society's Board）的董事会成员。

布莱恩在纽约州埃利斯堡出生和长大，他的祖先在那里生活了 200 多年，并且是两个男孩的父亲。